做皂不NG

娜娜媽
天然皂獨門祕技

正確選油、調色、打皂、晾皂，
讓你做的皂好洗、好聞、好質感的
180個完美關鍵

手工皂達人
娜娜媽
著

堅持信念、
保持做皂的初心

　　當一開始只有你一個人看得懂這一件事情時，你覺得你必須要做，於是便開始一段孤單的旅程，沿路不是風景，而是處處的挑戰等著你去跨越。

　　「堅持」不是一件簡單的事，因為過程中變數太多、誘惑太多，放棄多麼容易，往往就在一個念頭，而堅持，則是很多轉念累積的成果。

　　保持初心很重要，它是堅持下去的基石，當你心念有所動搖時，初心就會成為你的安定石，因為你會知道你為什麼一定要做。當初我的信念就是讓母乳不浪費，讓大家都可以使用無負擔的母乳皂，所以母乳皂這個事業，我堅持了十二年，而我的女兒 Ena 也十二歲了。

　　很多人說我很厲害，可以將肥皂這一件事做得有聲有色，但對我來說，支撐我的力量，是我的家庭，先生的犧牲，讓我們溫飽；先生的愛，讓我可以全心的投入工作，因為我知道我的家人永遠是我的後盾。

　　從來沒想過我可以出版手工皂的書，到現在第六本的誕生。在寫每一本書的時候，我都當成最後一本書在寫，從構思、配方、測試等等，一直反覆修正，想要讓讀者們得到真正想要、需要的內容。大家也許會發現從第五本《娜娜媽的天然皂研究室》開始，我回歸到了做皂的最初，從認識油品開始，因為測試各種單品油，也讓我重新認識油品，原來每一種油做出來的皂都有自己的皂性，就像每個人有自己的個性一樣。

　　每當聽到讀者說：「娜娜媽的配方很好洗」，或是「你真的是一個認真的作者、書寫得很詳細」，就覺得很開心，因為大家看到我對於做皂這一件事的用心。不管你是新朋友或是老朋友，做皂新手或老手，希望都能在我的書中，找到手工皂的樂趣。

娜娜媽

目錄

PART2 打皂中——
美麗不失敗的製皂技巧

PART3 打皂後──常見的問題

Part 1

打皂前——
你要知道的事

001　為什麼要使用手工皂？

　　市售的清潔用品通常會添加化學成分，如：防腐劑、起泡劑、香精等等，長期使用容易引起過敏或是讓皮膚的抵抗力降低。而手工皂的成分相對之下比較簡單，添加物較少，不易造成皮膚負擔。

手工皂的成分簡單，基本上為：油＋鹼＋水＝肥皂＋甘油。

002　肥皂是鹼性的，會傷害皮膚嗎？

　　不用擔心，熟成的手工皂 pH 值約在 8 ～ 9，呈弱鹼性，具有適度的清潔效果，而我們的皮膚是弱酸性，會自動平衡兩者的 pH 值，不會造成傷害。

熟成的手工皂呈弱鹼性，具清潔效果又不會對肌膚造成傷害。

003 冷製 vs. 熱製 有什麼不同？

製皂法	優點
冷製	油脂沒有經過強制加溫的步驟，會靠自己的反應來決定需要多高的溫度，最後再靠時間慢慢完成皂化，比較環保、洗感溫潤。
熱製	不用等待熟成，馬上就可以使用，但是洗感沒有冷製皂這麼好，建議製作完成後多放 1～2 個月讓水分排掉會更好洗。

004 手工皂自用、送人、 販售的提醒

　　如果做手工皂是為了自用，主要的課題是了解「什麼才是最適合自己的油品」，努力做出適合自己和家人的肥皂。如果是要送人，因為每個人的膚質與喜好都不同，最好不要誇大療效以免有所落差，可以的話先詢問一下對方的膚質特性會更好。另外請注意手工皂是不能拿來義賣的，需要有工廠登記才行。

　　如果想要讓手工皂成為你的事業，請先培養顧客群，不建議馬上辭掉現在的工作。因為手工皂是消耗品，需要時間累積客戶，經營品牌的時間至少要三年以上，期間必須不斷進修，強化自己的功力，致力於皂知識的培養、做皂熟練度、優化客戶服務等等。

005 皂的配方
不是人人都適合

　　手工皂配方每個人用起來的感受不盡相同，所以才有一種說法「適合自己的才是好皂」。並不是把所有好油都放進去就是一塊「好皂」，即使是人家都推薦的好配方也有可能讓你覺得不好洗，或是用了一些高貴的油品卻對皮膚產生不適。別人口中的好洗皂，也許適合大多數人，但仍需自己親身使用過後，才知道適不適合自身膚質。

　　下表列出幾項常見的不適合條件：

對象	不適合的配方
嬰兒或皮膚敏感者	皮膚比較敏感脆弱者，建議不要使用精油，添加物也是越少越好。給嬰兒使用的話可以做馬賽皂或純橄欖皂等單純皂款，建議至少晾皂三個月以上再使用。
蠶豆症患者	不可以添加薄荷腦或是含樟腦的精油。
孕婦	若有標示孕婦不能使用的精油，最好也不要加在手工皂裡。
皮膚乾燥者	避免使用過高的椰子油比例，建議用量低於油重的 20%。
皮膚容易出油者	不建議使用橄欖油。
異位性皮膚炎患者	椰子油的比例不要超過油重的 15%，以免過於刺激。

006　新手入門的注意事項

　　做皂和做菜一樣，有簡單的家常小菜，也有複雜的餐廳級大菜，新手當然要以簡單的配方、平價的皂材作為入門，避免花了冤枉錢、付出寶貴的時間，卻做出不能用的皂。

① **選擇打皂時間短的配方**：如果新手入門就接觸皂化速度較慢、需花長時間打皂的皂款（像馬賽皂需打 2 個小時、純橄欖皂需打 5 ～ 6 小時），可能會誤以為打皂就是得這麼辛苦，甚至會產生挫敗感而放棄打皂。可以選擇單品油皂，打皂時間較短，像是未精製酪梨油只需打皂 25 分鐘。

② **避免選擇複雜的配方**：複雜的配方要準備較多的油品和材料，較為麻煩，花費也較高，建議新手避免一開始就購買單價昂貴或不易保存的油品（如：玫瑰果油、亞麻仁油），不妨多打幾次皂之後，確認有興趣了，再慢慢嘗試也不遲。

③ **不要隨意調整配方**：在沒有充分的做皂經驗之前，建議完全依照配方去做，如果隨意調整比例或材料，做出來的成皂品質不穩定、容易失敗。

④ **不要隨便做超脂或減鹼**：台灣氣候潮濕不太適合做超脂或減鹼，再者如果配方搭配或製皂過程做得不好，會造成清潔力下降，皂也較容易酸敗。

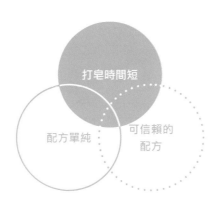

007 娜娜媽 愛用皂材分享

　　做皂這麼多年來，試過很多材料，不過有幾款是娜娜媽一直以來都很愛用的皂材，各有各的好處，提供給大家參考。

① **左手香**：很好栽種，只要插枝就會生長，取得容易，是民間常用來作為消炎的植物，濕疹、痘痘等問題肌膚都適用。

② **乳類**：不論是母乳、羊乳或牛乳都能帶來溫潤的洗感，而且比較起來，乳皂的保存時間可以比水皂還要久。

③ **複方精油**：留香度比一般單方精油更好。

④ **紫草**：具抗菌效果，可改善皮膚發炎。

⑤ **洋甘菊**：可以舒緩肌膚不適。

⑥ **金盞花**：可抗過敏，皮膚容易敏感的人可嘗試看看。

這一塊放了 6 年的乳皂，保存良好。

各種油脂皆有不同的特性，視個人的肌膚狀態，找出適合的油品。

008　如何挑選 適合自己膚質的配方？

　　皮膚非常敏感的人建議先打少量的皂，並從單品油皂開始嘗試，可以很明確的測試出對哪些油品容易過敏。如果深受異位性皮膚炎困擾的人，可添加苦楝油、酪梨油、澳洲胡桃油或蘆薈油等，對於問題肌膚而言這些油品較為安全。

　　乾性肌膚者可選用油酸高的油品，像是榛果油、甜杏仁油、酪梨油、杏桃核仁油等；油性肌膚者則適合清爽的油品，像是米糠油、芥花油、酪梨油等等。

009　減鹼皂的 pH 值較低、 較不刺激？

　　「減鹼」顧名思義就是降低配方中氫氧化鈉的用量，跟超脂的用意相同，都是為了增加手工皂的滋潤度、讓皂鹼的刺激度降低，但因為油與鹼沒有完全作用，台灣氣候太潮濕容易引起手工皂酸敗。事實上，如果你使用一款皂會感到皮膚乾癢刺激（前提是 pH 值確認在 9 以下，並非手工皂的 pH 值太高、太刺激），或許是你用錯配方了，該配方的清潔力太強並不適合你，只要改用較滋潤的配方即可獲得改善。

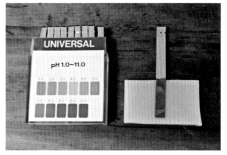

利用試紙測試成皂的 pH 值，如果顏色在 pH9 以下，代表已呈弱鹼性，即可使用。

010 適合做家事皂的材料

「家事皂」常用來清潔貼身衣物或是廚房碗筷，通常會加入較高比例的椰子油，以達到較好的清潔力。除此之外，我也喜歡加入以下皂材來增加變化，並達到更佳的洗淨效果。

① **馬鈴薯**：馬鈴薯裡面的澱粉對於吸附油脂與髒汙有很好的效果，常被用來做成家事皂，清潔力很好。如果用來洗衣服，還會讓衣服像過漿一樣變挺喔！

② **無患子**：無患子的果皮含有皂素成分，清潔力佳又非常天然，不論是以無患子或無患子粉做成身體皂或家事皂都很適合。

③ **橘油**：橘油裡的檸檬烯成分不但可提升清潔效果，更具有天然抑菌、防蟎驅蟲等效果，用來洗碗或洗衣都相當不錯。

④ **絲瓜絡**：家事皂中加入絲瓜絡，可以代替泡棉，清洗碗盤時會更方便，天然又環保。也可以做成身體皂，具有幫助起泡和輕微去角質的效果。

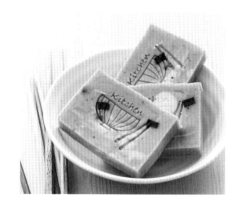

⑤ **茶樹籽粉**：含有天然植物皂素，清潔力佳、具殺菌效果，尤其去除碗盤油膩效果非常好，且容易沖洗，也可以拿來洗衣服。

011 什麼是「超脂皂」？ 洗感較滋潤？

　　什麼是「超脂皂」？超脂的作法是從國外流傳而來，當皂液達到 Light Trace 的狀態時，加入一些具有特定功效或是較昂貴的油脂。的確，在一些氣候乾燥、寒冷的國家有做超脂的皂會比較好洗、滋潤度也比較高。但是台灣氣候過於潮濕，超脂皂因為有多餘的油脂沒有皂化，容易產生酸敗，必需在短時間內用完，所以我會建議大家與其做超脂皂，不如選擇更滋潤的油品與配方會更好。

　　此外，也不是每個人都適合超脂皂，像皮膚容易出油者就不適合，洗起來清潔力不是很好，反而容易長痘痘。如果一定要做超脂皂時，請選擇比較穩定的油品，例如荷荷芭油、澳洲胡桃油、酪梨油、乳油木果脂等等（超脂皂的作法請見 p.151）。

012 可以直接使用 現成材料包嗎？

　　可以。材料包的好處是分量剛剛好，不會囤積那麼多油品，尤其當你還不確定自己是否真的對手工皂有興趣、是否能夠持續打皂，購買現成材料包反而是比較實惠的選擇，或是先做單品油配方就好，否則只做一兩次就將材料束之高閣，油品一旦放超過保存期限就是浪費了。

分量剛剛好的材料包，不用囤積材料，造成浪費。

013　洗髮皂、身體皂、家事皂可以混用嗎？

　　如果想把洗髮、洗澡的皂拿來洗碗、洗衣服，要看清潔力夠不夠，像滋潤型的配方就不適合；而家事皂的清潔力太強，不建議拿來洗澡、洗臉。

　　洗髮皂也可以用來洗澡，但如果配方為了增加起泡度而使用超過 20% 的椰子油，有些人洗了之後可能會覺得乾癢。反之，洗澡的皂可以拿來洗頭嗎？基本上短髮還可以，但長髮需要不會打結的配方，比方說山茶花油、芝麻油的比例多一點。

014　如何找到適合的洗髮皂配方？

　　其實洗髮皂有點挑人用，如果採用蓖麻油配方（含有蓖麻酸醇）可以讓頭髮比較滑順，但並非每個人都適合，有些人反而會覺得有黏膩感（建議蓖麻油比例在 15% 以下，較不會感到黏膩）；如果是用橄欖油的配方，洗起來雖然比較不乾澀，但頭髮會變成一條一條的，無法絲絲分明。

　　其實每個人喜歡的洗感不同，只有找到適合的洗髮皂才能體會它的好。建議先試試看單品油的配方，試洗看看有沒有喜歡的洗感，再慢慢去調整，進而找到自己適合的配方。

這一款「蓖麻杏桃洗髮皂」，洗後能帶來蓬鬆輕盈感，配方請參閱《娜娜媽天然皂研究室》一書。

015　冷製皂可以溶解成液體皂使用嗎？

　　不建議，冷製皂加水溶解之後會變成像皂糊一樣，雖然可以拿來清洗，但清潔力會降低，而且容易長細菌，只能用來做一些簡單的家事清潔。

將液體皂裝入瓶中，即可輕鬆擠壓使用，但如果是以固體皂溶解使用，就容易塞住瓶口。

016　可以把固體皂的配方做成液體皂嗎？

　　課堂上常遇過一些同學問我「固體皂的配方可以做成液體皂嗎？」答案是當然可以。不過製作固體皂使用的是氫氧化鈉，而液體皂則是使用氫氧化鉀，兩種材料做成的皂會產生不同的洗感，建議大家可以嘗試看看。

液體皂是利用氫氧化鉀做成皂糰後，再溶解使用。

017 軟油與硬油的搭配

　　一般來說，室溫下呈現固態或半固態的油脂稱為「硬油」，液態油脂則稱為「軟油」。配方中軟性油脂比例過高的話，做出來的皂容易軟爛、不好脫模，建議搭配硬性油脂使用，讓皂的硬度（INS值）落在120～170之間，做出來的皂才會軟硬適中。

　　不過每一種油的成皂特性不同，INS值的計算並非絕對，像澳洲胡桃油、榛果油、杏桃核仁油、酪梨油的INS值雖然都不高，卻可以做出堅硬又耐洗的肥皂。

市面上常見的軟性與硬性油脂

油脂種類	常見油品
軟油	橄欖油、芥花油、蓖麻油、榛果油、月見草油、葡萄籽油、荷荷巴油、澳洲胡桃油、葵花油、玫瑰果油、小麥胚芽油、米糠油、甜杏仁油等等。
硬油	棕櫚油、棕櫚核仁油、白油、可可脂、乳油木果脂、椰子油、紅棕櫚油、牛油、豬油等等。

018 如何選擇油脂配方？

　　油品中最主要的成分是脂肪酸，而脂肪酸又分為飽和脂肪酸（通常是硬油，如：乳油木果脂、椰子油、棕櫚油、棕櫚核仁油、可可脂等）與不飽和脂肪酸（包括油酸、亞油酸等）。

　　以做皂來看，飽和脂肪酸含量較高的油不易被皮膚吸收，而且做出來的皂會偏硬，但因飽和脂肪酸比較不易氧化，可保存較久、不容易酸敗；不飽和脂肪酸含量較高的油因為分子小容易被皮膚吸收、洗感較清爽，但做出來的皂體偏軟而且容易酸敗。

　　因此，做皂時通常會兩者搭配使用（不飽和脂肪酸含量較高的油建議在總油重的 40% ～ 50%），取各自的優點、達到平衡。如此一來手工皂既能擁有溫和、保濕的洗感，同時又具備軟硬適中、保存期限長、不易酸敗等優點。

油品脂肪酸的比較表

脂肪酸大分類	常見脂肪酸種類	代表油品	優點	缺點
飽和脂肪酸	硬脂酸	可可脂、乳油木果脂、動物性油脂	1 不易氧化酸敗 2 可提高皂的硬度、遇水不易軟爛	比例太高時，起泡度會偏低、容易假皂化，清潔力弱
	棕櫚酸	椰子油、棕櫚油		
	肉荳蔻酸	椰子油、棕櫚油、豬油	1 不易氧化酸敗 2 增加起泡力 3 可提高皂的硬度 4 清潔力強	如果要做潔面皂，椰子油比例越高，皂的清潔力越強，對比較敏感脆弱的臉部肌膚來說太過刺激、容易乾癢
	月桂酸	椰子油、棕櫚核仁油		

脂肪酸 大分類	常見脂肪 酸種類	代表油品	優點	缺點
不飽和 脂肪酸 （單元）	油酸	橄欖油、甜杏仁油、榛果油、酪梨油、杏桃核仁油、澳洲胡桃油	1 溫和滋潤 2 洗淨力佳	1 抗氧化力不高 2 可能引起酸敗 3 硬度略低、遇水容易軟爛
	棕櫚油酸	澳洲胡桃油、馬油		
不飽和 脂肪酸 （多元）	亞油酸 （又稱亞 麻油酸）	芝麻油、米糠油、葵花油、小麥胚芽油、葡萄籽油、月見草油、玫瑰果油	1 溫和不刺激 2 洗感清爽	做出來的皂容易氧化酸敗、遇水軟爛
	次亞麻油 酸	葵花油、小麥胚芽油、葡萄籽油、月見草油、玫瑰果油	1 洗感溫和、清爽 2 維持皮膚彈性，可修復角質	
	蓖麻油酸	蓖麻油	保濕度高	

019　哪些油品的洗感比較溫和？

使用高油酸比例的油品製作手工皂，可以做出保濕、滋潤、溫和不刺激的配方，例如橄欖油、榛果油、杏桃核仁油、甜杏仁油、山茶花油、花生油、苦茶油等皆屬高油酸比例的油品，但有些人使用高油酸的橄欖油皂較容易長痘痘，所以洗感仍需視自身膚質而定。

020　如何提高皂的起泡度？

雖然不是一定要泡泡多才洗得乾淨，但大家都還是比較喜歡做出來的皂具有柔軟細緻的豐盈泡泡。如果你想使用的油品起泡度較低，可再搭配起泡度高的油品來做皂，比較不會搓不出泡泡，常見油品的起泡度可參考下表：

皂的起泡度	常見油品
高	椰子油、葡萄籽油、杏桃核仁油、榛果油、山茶花油、苦茶油、芝麻油、米糠油、甜杏仁油、芥花油、小麥胚芽油、葵花油、酪梨油、開心果油
普通	白油、棕櫚油、乳油木果脂
低	蓖麻油、橄欖油、澳洲胡桃油

※ 可參考《娜娜媽的天然皂研究室》一書，p.32「手工皂起泡度測試」。

021　清潔力與
滋潤度的取捨

有些人喜歡清潔力好的皂款，但其實清潔力不是越高越好，清潔與滋潤的比例適中、洗起來自己覺得舒服才是最好的。不過滋潤度高的油脂配方通常清潔力會比較弱一些，可參考下表所列油品來做配方的搭配：

入皂作用	常見油品
清潔力強	椰子油、棕櫚油、棕櫚核仁油
保濕滋潤度高	可可脂、乳油木果脂、橄欖脂、芝麻油、開心果油、小麥胚芽油、甜杏仁油、米糠油、澳洲胡桃油、苦茶油、山茶花油、酪梨油、榛果油、杏桃核仁油

022　什麼是拉絲皂？
如何做出拉絲皂？

拉絲皂是指皂遇水後表面變得黏稠，手一摸會牽絲，這樣的皂保濕效果很好，所以許多人會去追求所謂的拉絲作用。可選擇油酸高的油品來製皂，像是杏桃核仁油、榛果油、橄欖油、山茶花油等等，就有機會變成拉絲皂。（在《娜娜媽的天然皂研究室》書中 p.105 的「玫瑰橄欖榛果乳皂」，此款配方成皂後拉絲效果相當不錯，有興趣的人可以參考其油脂比例：橄欖油 315g、榛果油 315g、椰子油 70g）。

023　單品油皂比想像中更好洗？

　　習慣複合油品皂方的人，也可以嘗試看看單品油皂方，好洗的程度同樣讓人驚喜！建議使用未精製的油品，不但完整保留了油脂的養分，通常也會有油品本身的香味（比方說澳洲胡桃油就有濃郁的堅果香氣），但是做單品油皂時請注意以下幾點：

① 單品油皂比較容易軟爛，配方中的水分可以減少一點，一般皂的水分為氫氧化鈉的 2.3 倍，單品油皂可減少為 2 ～ 2.2 倍。

② 打皂的時候一定要打到 Trace 的濃稠程度，避免皂化不完整而導致酸敗。

③ 晾皂三個月以上再使用，這樣皂體更乾燥，也會更溫和、耐洗。

④ 單品油皂比較容易產生過敏的現象，就像有些人對堅果類過敏，所以製作單品油皂時，建議先打少量，皂熟成三個月後在手臂內側先試洗看看，不會有過敏反應再繼續使用。

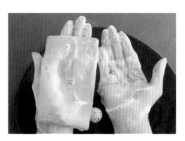

使用時最好用起泡袋裝著，不要直接放在皂盤裡，可幫助起泡也讓皂不易軟爛。

024　如果油品味道較重，入皂後會不會臭臭的？

　　本身味道較重的油品，包括芝麻油、苦楝油、豬油等等，芝麻油雖然有很濃的芝麻香氣，但洗完不會像麻油雞這麼誇張，真的不喜歡的話可以加入木質調的精油。而苦楝油的味道聞起來像是花生加大蒜，有些人很喜歡它獨特的香氣，如果不喜歡的話，可以搭配複方精油來調整，只用單方精油可能壓不過它的味道。豬油入皂之後不會有什麼味道，倒是不需要擔心。

025　市面上油品眾多，要怎麼挑選？

　　盡量挑選可以吃的油品來做皂，不要買調和油，因為沒辦法計算皂化價。基本上可以食用的油品，有食品廠把關、安全較有保障，不過像芥花油、葵花油、大豆油、玉米油等便宜的食用油，如果要拿來做皂，比例要抓好（不要超過 10%），否則成皂會比較容易酸敗。

　　當然有時間也可以自行提煉豬油、雞油來當做皂的原料。有些人擔心動物性油脂會阻塞毛細孔不敢使用，其實是不需要擔心的，因為皂化後油脂型態已經改變，不再是原本的油脂了，所以阻塞毛孔的機率不大。雖說如此，多少還是會因個人膚質而異，像橄欖油有的人覺得很好洗，有的人卻會長痘痘，甚至遇過學生連洗油酸高的皂都會長痘痘，動物性油脂究竟會不會阻塞毛孔，還是要親身試了才會知道了。

026　有問題的油會有濃濃的刺鼻味

　　有些品質不良或是來源有問題的油品，聞起來會有香精味，甚至是刺鼻味，如果覺得買來的油品有怪味可以向購買的廠商詢問，瞭解那樣的味道是否正常，像苦楝油會有花生加大蒜的味道就是正常的，不是有問題喔！

油品是手工皂的重要成分，一定要選擇可信賴的品牌或廠商購買，較為安心。

027　會影響皂顏色的油品

若使用未精製的油品來製皂，油脂有自己的顏色，可能會影響成皂的顏色，如：未精製米糠油、未精製酪梨油、未精製苦楝油、未精製澳洲胡桃油、紅棕櫚油。

未精製酪梨油皂，呈現天然的綠色色澤。

未精製紅棕櫚油皂，擁有漂亮的紅色色澤。

028　如何讓皂體顏色變白皙？

手工皂一般來說會略偏黃色，但如果喜歡白皙的皂體顏色，配方可以選用杏桃核仁油、榛果油或山茶花油，這幾款油品成皂後起泡度都不錯，也有一定的硬度。如果以乳入皂，成皂皂體顏色會比較黃，所以建議用水入皂，皂體也會較白皙。

利用 100％的榛果油來製作，成皂皂體相當白皙雅緻。

029　如何增加皂的硬度？

建議使用具有提高硬度效果的油品，如：椰子油、澳洲胡桃油，或是增加硬油比例，如棕櫚油、可可脂、乳油木果脂，或是加入鹽（請參考 p.71 第 97 題：如何製作鹽皂？）或減少水分（請參考 p.38 第 41 題：降低水分比例的時機）也有幫助。比方說一般棕櫚油添加比例大約都在 20% 左右，可以提高到 30% 試試看，有助於提升皂的硬度。

也可以用可可脂或是乳油木果脂來取代棕櫚油，以提高硬度，不過缺點是成本也會提高。

可可脂

乳油木果脂

030　可以用回鍋油做皂嗎？

油炸食物後通常會有大量回鍋油，有些人希望能夠拿來入皂，但只建議來作家事皂，不要作為身體皂，而且要將食物殘渣過濾乾淨。如果是用純回鍋油來做皂，去油污力可能不太好，建議添加 30 ～ 40% 以上的椰子油來提升清潔力（若回鍋油是源自植物油，皂化價可以用 0.135 ～ 0.141 來計算）。

031

精製與未精製油品
入皂的差異

　　「精製油」與「未精製油」兩者在做皂上最主要的差異為養分與皂化速度，部分油脂成皂的顏色與味道也會略有不同，詳見下表：

精製 / 未精製 油品的差異	說明
養分	未精製油脂的養分會比較多，以橄欖油為例，只有特級初榨橄欖油（Extra Virgin Olive Oil）最為天然，沒有添加化學溶劑。也許有人會疑惑「使用好油真的比較好嗎？」，但娜娜媽認為就像你吃不好的油一樣，對身體是沒有好處的，甚至可能會帶來傷害，所以我們現在都傾向選擇好油來吃，卻忽略了皮膚也需要用好東西來對待喔！
皂化速度	由於未精製油品中的不皂化物含量較高，會加快皂化速度，精製和未精製油品的打皂時間可能會相差 2 ～ 3 倍。另外不同產地的油品，處理方式不同，皂化時間也會不一樣喔。
顏色與香味	用未精製油品做出來的皂，顏色通常比精製油品深一些，植物本身的香味也比較濃郁。

未精製酪梨油皂，擁有
濃郁的色澤與香氣。

032 油品過期了
還能打皂嗎？

過期油品有可能已氧化敗壞，不建議用來打皂。

很多人都會有這樣的疑問，因為過期的油品大家往往都捨不得直接丟棄，但是過期的油可能已經開始氧化了，其實不大建議再用來打皂，如果真的想試試看，可以考慮用於製作家事皂，但一定要盡快用完。假如油品已經有油耗味，代表已經氧化酸敗，這種油就絕對不建議再使用，就像食物過期吃到肚子裡會拉肚子一樣，用在皮膚可能會過敏或造成皮膚問題。

033 家事皂一定要用
椰子油嗎？

一般來說，為了增加皂的硬度、讓它不易軟爛，配方中會添加椰子油，但提升清潔力的同時也降低了滋潤度，如果是對椰子油過敏或是皮膚特別乾燥的人，可以試試看把椰子油的比例降低，或是直接替換成棕櫚核仁油。雖然用棕櫚核仁油做成的皂，泡泡量比椰子油少了約 1/4，但洗完比較不乾燥，可提升洗後皮膚的舒適度。

與椰子油家事皂相比，棕櫚核仁油皂洗後較不乾燥。

034 如何區分棕櫚油種類？

　　市面上的棕櫚油有很多種類，常常讓人搞不懂其中的差異，但其實都是用油棕樹的果實製作而成，只是榨取的部位、加工程度有所不同，詳見下表：

油品名稱	別名		說明
棕櫚油 PALM OIL	榨取自果實的果皮部位，含有棕櫚酸和油酸	精製棕櫚油，或白棕櫚油	
		軟棕 PALM OLEIN	經過脫色精製處理，一般用途為食用油，常溫下是溶清的液體，不易冬化，可提升皂的硬度（24 度以下才會凝結成固狀）。
		硬棕 PLAM STEARIN	經過脫色精製處理，雖然會提高皂的硬度、遇水不易軟爛，但常溫下會呈現固態，比較難融化。而且硬棕會加速皂化，操作時請小心。
棕櫚果油 PALM FRUIT OIL	榨取自果實的果肉部位	紅棕櫚油 RED PALM OIL	未經過脫色，因含有大量胡蘿蔔素，看起來是橘紅色的。不但對皮膚很好，還是天然的調色劑（雖然顏色會慢慢變淡）。 * 注意：有一種紅色的棕櫚油，又稱為點燈油，是將精製軟棕染色製成的，比較便宜，但經過高溫破壞，脫模後顏色可能會褪去，而且養分也跟紅棕櫚油差很多，購買時一定要跟店家確認清楚。
棕櫚核仁油 PALM KERNEL OIL	榨取自果實的核仁部位，含有月桂酸。		油脂顏色為白色或乳白色，入皂後跟椰子油的效果很像，但卻沒有這麼刺激，經常被用來取代椰子油。

035 軟棕、硬棕、棕櫚核仁油、紅棕櫚油 數值比較

　　為了實驗不同的棕櫚油入皂時的皂化速度，以及成皂後遇水是否容易軟爛，娜娜媽實作了四款棕櫚油皂，使用配方及試驗結果請參考下表：

油品	皂化價	氫氧化鈉	INS	水 NaOH 的 2.4 倍	熔點 *1	溫度			皂化時間	遇水後的溶解度 *4
						液體	油溫	鹼溫		
軟棕櫚	0.141	55g	145	132g	27～50℃	純水	25℃	28℃	8分	Top3
						乳	25℃	28℃	8分	
硬棕櫚	0.142	49g	151	118g	48～50℃ *2	純水	46℃	31℃	1分	Top4 溶解最慢
						乳	49℃	29℃	2分	
紅棕櫚	0.141	50g	145	120g	27～50℃	純水	32℃	26℃	3分30秒	Top2
						乳	37℃	27℃	5分	
棕櫚核仁油	0.156	55g	227	132g	25～30℃	純水	36℃	36℃	1小時10分 *3	Top1 溶解最快（約浸泡20小時就完全溶解）
						乳	27℃	32℃	50分	

*1：硬棕櫚油在 38℃ 以下時為固體狀，油溫加熱到 45℃ 時會變成類似馬鈴薯泥的質感，50℃ 以上則為液態。

*2：棕櫚核仁油約 1 小時達到 Liight Trace 程度，約 1 小時 20 分入模。

*3：熔點資料來源：
https://goo.gl/Qc3faA

*4：皆以水皂浸泡於水中 24 小時後的狀態測試。娜娜媽影片測試分享，請見此 QR code。

*5：上方表格是以油重 350 公克為基準。

036 適合做浸泡油的材料

　　我們在 Facebook 手工皂社團上調查了 100 位網友對「什麼油適合做浸泡油」的看法，其中以橄欖油 91 票、甜杏仁油 36 票最多，但事實上甜杏仁油、葵花油容易敗壞，並不適合做浸泡油。一般會選擇橄欖油，品質比較穩定，同時需注意油品的保存期限，以免期限過短而導致油品敗壞（浸泡油的保存期限即為使用油品的保存期限）。

　　花草部分像是玫瑰、洋甘菊、金盞花、紫草等都很適合（烘培用的香草豆莢也可以），油跟花草的比例約 5：1，不用攪碎、直接加入即可。千萬不要用水清洗花草，否則容易發霉，若是擔心細菌或灰塵，可以用烤箱烤 5 分鐘再做成浸泡油。

　　浸泡油至少要浸泡一個月以上才可入皂，入皂時可以放入少量的花草，增加質感，但台灣氣候太潮濕，花草一定要攪拌入皂，不能只是撒在表面，以免發霉。另外，若使用浸泡油來打皂，皂化速度會比較快，如果還要做渲染等顏色變化，動作就要快一點囉！

① 準備浸泡油（橄欖油）、密封玻璃罐、乾燥金盞花。

② 將金盞花放入密封罐中。

③ 將油倒入，完全覆蓋住金盞花。

④ 將密封罐蓋緊，浸泡一個月以上。

037 娜娜媽 愛用油品分享

在眾多油品裡，有幾款油是娜娜媽試過之後就深深愛上，它們符合穩定性高、價格平實、洗感溫和等特性，分享給大家。

① **杏桃核仁油**：娜娜媽心中排名第一的油品，跟甜杏仁油類似，但穩定度好很多、不容易敗壞，做出來的皂也比較硬、遇水不易軟爛。因含有亞麻油酸，洗感清爽、泡沫豐盈，即使是皮膚敏感脆弱的嬰幼兒與老年人也適合使用。

② **未精製酪梨油**：因不飽和脂肪酸較高，洗感溫和不刺激，適合乾性、敏感或嬰幼兒皮膚，洗後保濕不緊繃，且入皂後會有淡淡的綠色以及酪梨油的香氣，深受許多皂友歡迎。

③ **米糠油**：價格便宜，卻含有豐富的不皂化物，攪拌約 6 ～ 10 分鐘即可Trace。成皂的保濕度高，洗感柔滑舒適，洗後不緊繃。

④ **榛果油**：品質穩定，不易酸敗，還能提升皂的硬度。做出來的皂洗感溫潤滑順，擁有極佳的起泡度，保濕度非常好，用來做洗髮皂可以有很多泡泡。

⑤ **澳洲胡桃油**：不但親膚性極佳，還可提高皂的硬度。入皂後會有濃郁的堅果香氣，洗感溫和不刺激，泡沫細緻。

⑥ **開心果油**：含大量不飽和脂肪酸，是很好的潤膚油品，具有防曬以及保護皮膚、頭髮的功效，含豐富的維生素 E，可以當作按摩油及抗老化油品。可產生清爽和細緻的泡沫與洗感，娜娜媽也會拿來作為卸妝油使用。

⑦ **芝麻油**：容易取得的食用油之一，被稱為「天然的抗氧化劑」，保濕度很好，洗感溫潤，洗完之後會覺得皮膚似乎變得柔滑了。以 100% 芝麻油做成的洗髮皂，也很不錯喔！

038　油品的顏色不一致是正常的嗎？

即使是同一個品牌的同一種油品，每一批的顏色也可能略有不同，栽種會受到氣候與環境的影響，屬於正常的現象。

039　關於油的容量與用量

有些人購買油品時會產生疑惑，明明產品標示 1L（1000ml），但量油重卻不到1000g，難道1ml不等於1g嗎？答案是跟「密度」有關，水的密度是1，因此 1ml 的水重量即為 1g，而油的重量比水輕，1L 的油品重量可能才 850 ～ 900 多克（不同的油品密度也不同）。要特別注意的是，做皂的時候不用管 ml 是多少，一切都以重量幾克為準（氫氧化鈉與水量也一樣），若誤以為容量（ml）與重量（g）的比例是 1：1，就會造成配方計算出錯喔！

040　各種油品特色及功效一覽表

油脂種類	功效說明
椰子油	皂的基礎用油，起泡度佳、洗淨力強。秋冬時，椰子油為固態的油脂，須先隔水加熱後，再與其他液態油脂混合。
棕櫚油	皂的基礎用油，可以提升皂的硬度，使皂不容易軟爛。秋冬時，棕櫚油為固態的油脂，須先隔水加熱後，再與其他液態油脂混合。
乳油木果脂	具有修護作用，保濕滋潤度極高，也很適合做護手霜使用。

杏桃核仁油	含有豐富的維生素、礦物質，很適合乾性與敏感性肌膚使用。對於臉上的小斑點、膚色暗沉、蠟黃、乾燥脫皮、敏感發炎等情況能有所改善。
澳洲胡桃油	成分非常類似皮膚的油脂，保濕效果良好，最大的特色是含有很高的棕櫚油酸，可以延緩皮膚及細胞的老化，一般用於做皂時的建議用量為 5% ～ 100%。
橄欖油	滋潤度高，它含有天然維生素 E 及非皂化物成分，營養價值較高，能維護肌膚的緊緻與彈性，具有抗老功效，是天然的皮膚保濕劑。通常會選擇初榨（Extra Virgin）橄欖油來製作。
榛果油	具有美白、保濕效果，很適合作為洗臉皂的材料。
棕櫚核仁油	起泡度高，比椰子油溫和，可以取代椰子油使用。
開心果油	有抗老化的效果，對粗糙肌膚的修復效果很好。
甜杏仁油	溫和不刺激，保濕滋潤度佳。適合敏感性或是嬰幼兒的肌膚。
紅棕櫚油	富含天然的 β - 胡蘿蔔素和維生素 E，能幫助肌膚修復，改善粗糙膚質，用量需控制在總油量的 5% ～ 100% 之內。
蓖麻油	有修護肌膚、保濕的作用。比例太高會提高皂化速度，導致來不及入模。
酪梨油	酪梨油的起泡度穩定、滋潤度高，具有深層清潔的效果。
山茶花油	含有豐富的蛋白質、維生素 A、E，具有高抗氧化物質，用於清潔時，會在肌膚表面形成保護膜，鎖住水分不乾燥，拿來做洗髮皂或是護髮油也很適合。
苦楝油	有很好的殺菌鎮定的效果，可以止癢、舒緩異位性皮膚炎。不過香氣較特殊，有些人較無法接受。
芥花油	價格便宜、保濕度佳、泡沫穩定細緻，但必須配合其他硬油使用，建議用量在 15% 以下。
可可脂	屬於固態油脂，聞起來有一股淡淡的巧克力味，保濕滋潤效果佳，非常適合乾燥肌膚使用，做成護唇膏也很適合。
苦茶油	可以刺激毛髮生長，讓頭髮充滿光澤，對於頭髮修護保養很有益處。
米糠油	可抑制黑色素形成，保濕滋潤度高，洗感清爽。高比例使用時，皂體容易變黃，Trace 速度快，100% 米糠油 6 分鐘就會 Trace。
硬棕	提供皂的硬度，Trace 的速度快。

041 降低水分比例的時機

　　水分（或是乳）一般大約是氫氧化鈉的 2.2 ～ 2.5 倍，最好不要低於 2 倍，否則鹼液濃度太高會讓皂化反應變快。水分越多打皂的時間會越長，而且成皂不易脫模、縮水率較高、容易軟爛、比較不耐洗；水分越少成皂就會越硬，可能會不好切皂，最好在脫模後 1 ～ 2 天內就切（但主要還是要依配方來決定切皂時間）。

　　水分的多寡可依配方來微調 0.1 ～ 0.3 倍，如果配方做出來的皂偏硬，下次可以多加一點水量讓皂體變軟；反之如果配方做出來的皂偏軟，下次就少加一點水量，可視自己喜歡皂的硬度作調整。

042 用水、牛乳與母乳製皂的洗感差異

　　水皂和乳皂、牛乳皂和母乳皂，洗感都會有一些不同，乳皂比水皂更滋潤，而母乳裡面的脂肪最細，洗感又比牛乳更好。打母乳皂和牛乳皂的時候，即可發現母乳溶鹼後的脂肪比牛乳小很多，有些母乳甚至看不到脂肪，整體很細緻。為了想瞭解當中的差異是否明顯可辨，我們找了 25 人來試洗水皂與母乳皂，有 23 人認為母乳皂洗感比較好，可見乳脂肪對於洗感的提升是有顯著的效果。

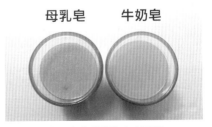

母乳皂和牛奶皂的乳脂肪大小不同。

043　可以用自來水來溶鹼嗎？

　　雖然「水」看起來只是拿來溶鹼用，但其實水分是協助皂化反應的重要角色之一。做皂時水的乾淨程度很重要，如果有太多雜質，可能會阻礙皂化反應的進行，或是導致手工皂提前酸敗，最好使用煮過的開水，或是過濾後的純水，不要使用生水或礦泉水，礦泉水中的礦物質會讓皂變得較不易起泡，也容易有皂垢產生。除了水之外，也可以換成乳類、豆漿、果汁、絲瓜水、茶、新鮮食材榨汁等來取代。

044　鹼的種類與選擇

　　目前市面上有販售片鹼或粒鹼，工業用與試藥級的氫氧化鈉，娜娜媽比較喜歡用粒鹼，不容易有粉塵，片鹼的粉塵較多。而試藥級氫氧化鈉的純度是 99.9%，工業用則是 99.5%，兩者相差不多，但試藥級的價格是工業級的 1 ～ 2 倍，建議用工業級的就可以了。

　　另外還有一種液鹼，是已經融化好的氫氧化鈉溶液，只適用於水皂，如果想用乳類或其他汁液冰塊來溶鹼，就沒辦法使用液鹼了。雖然液鹼看似操作方便（因為不用溶鹼感覺比較簡單），但一般市售液鹼濃度在 45 度以上，而製皂時的鹼與水約為 1：2.2 ～ 2.5 的比例，可能需要補加水分，所以購買時一定要確認清楚液鹼的濃度比例，才知道應該補多少水。此外，補水時仍會冒出少許有害氣體，鹼液溫度也會升高，仍要注意安全並等待鹼液降溫。而且開封後要盡快用完，以免水分蒸發而改變濃度。

片鹼　　　液鹼　　　粒鹼

045　**適合入皂的中藥材推薦**

　　抹草或魚腥草對問題皮膚有所幫助，抹草具有消炎、抗菌、止癢等作用，可改善異位性皮膚炎、濕疹這類皮膚炎的不適症狀。而魚腥草具有消炎、抗菌的作用，對於改善皮膚發炎、皰疹等問題也很好。可以將中藥加水煮成藥汁後，製成冰塊來溶鹼，也可以直接購買藥粉當成添加物入皂。

抹草粉

魚腥草粉

將蜂蠟入皂可提高皂的硬度，但也可能會引起假皂化。

046　**可以添加蜂蠟入皂嗎？**

　　添加蜂蠟可以讓皂的硬度提高，但洗後皮膚會有一層薄膜的感覺，對油性肌膚的人來說不太適合，會感覺悶悶的、容易長痘痘，而且蜂蠟入皂可能會引起假皂化，要特別小心！

047　咖啡渣入皂 有什麼效果？

　　將咖啡渣做成家事皂可以幫助清潔，做成身體皂則有去角質的效果，但記得用量不要超過油重的 1 ～ 2%，加太多洗了皮膚會痛。

　　咖啡渣通常有點潮濕，容易長霉菌，建議放在冰箱保存兩、三天內就要用掉。可以的話，先鋪平風乾或是用烤箱烘乾比較容易保存，但溫度與時間因烤箱規格不同便不在此詳述，只要烤乾、不要烤焦就好。

將咖啡渣烘乾、去除濕氣，以利保存。

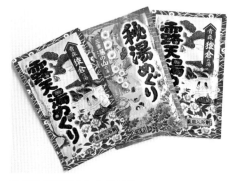

溫泉粉不建議作為入皂材料。

048　沙威隆、溫泉粉 可以入皂嗎？

　　雖然聽起來同為沐浴用品，但我們自己做手工皂就是追求天然，不要帶給皮膚過多的化學刺激，而沙威隆、溫泉粉這類產品是有藥性的，不建議入皂。

049 新鮮材料如何入皂？

像是艾草葉、蘆薈、左手香、薄荷、抹草、蔬菜水果等新鮮材料皆可入皂，但需打成汁、做成冰塊來溶鹼，入皂前請用篩子過濾，做出來的皂會比較細緻。只要不要過量（需低於總油重的 10%，當作添加物以「兩段式加水法」加入，參考 p.65）、皂化完整，做出來的皂就不容易壞。此外，新鮮材料榨汁入皂後，顏色可能不會像原本的一樣，可以先看書、上網做點功課，以免做出來跟想像的完全不同。

新鮮食材打成汁後需過濾，成皂會比較細緻。

050 各種粉類特色與功效一覽表

粉類	入皂功效
苦瓜粉	入皂後可增強消炎的功效，並使皂液變成淡綠色。
有機胭脂樹粉	可以抑制細菌生長，預防痘痘，讓皂液變成深橘色。
低溫艾草粉	具有安神的作用，可用於緩和緊張、幫助睡眠。混入皂液中，可使皂液變成綠色。
粉紅石泥粉	粉紅石泥有輕微去角質的功效，可以讓膚色更明亮，並讓皂液變成粉紅色。
可可粉	可可粉有安定心情、舒緩神經的效果。在做造型皂時，可以讓皂液變成咖啡色。
綠藻粉	富含多種胺基酸及微量元素，具保濕滋潤效果，並可促進細胞再生，入皂後可以讓皂液呈現綠色。
茶樹籽粉	去油汙的效果極佳，入皂液後會變成深褐色，適合添加在家事皂裡。

051 添加物的比例
如何拿捏？

基本上，皂液是一種鹼性環境，細菌不喜歡存在於皂液中，即使加入了新鮮材料，只要有與皂液攪拌均勻，也會因為強鹼的緣故而改變型態，沒有壞掉發霉的疑慮。但是如果添加物的體積較大，只有表面與鹼作用，裡面還是保有原本的型態，就有敗壞的可能，所以最好過濾殘渣或是粉類過篩後再入皂。

添加物種類	用量	說明
粉類	低於總油重的 5%	如果加太多，皂液沒辦法完全包覆的話，成皂後皂體會變得鬆散，粉類如果沒有攪拌均勻，會產生結塊斑點，無法呈現細緻的皂體。
新鮮蔬果	10%～100% 皆可	榨汁作成冰塊或是當作添加物都可以。當果汁液體加太多時，皂會變得太軟、沒辦法成形。而且蔬果汁多為酸性，酸鹼中和之下會讓皂的清潔力下降。
左手香	100 %	可以用左手香榨汁，過濾後代替水分做成冰塊溶鹼使用。
磨砂類	1～3%	像海鹽、咖啡渣這類具有磨砂效果的添加物，請選擇不要太粗的顆粒，否則洗起來會痛。用量 1～3% 皆可，1% 的磨砂效果較低、觸感溫和，3% 洗起來比較有顆粒感，而 3% 以上洗起來可能就會不舒服了。

052　哪些精油比較能夠留香？

　　手工皂能不能保有香味，要看使用精油的氣味強度（是指嗅覺能偵測到的味道明不明顯），氣味強度越高的精油入皂後越能留香（如：山雞椒、檸檬、尤加利精油）。

　　舉例來說，如果同時聞檸檬跟安息香精油，對比之下你會明顯感受到檸檬精油味道很香，安息香感覺比較不香，但其實安息香單獨聞味道的時候也是香的，只是因為它的氣味強度較弱，跟檸檬精油相比味道較淡，這樣的精油入皂後香味較難留存。因此若是喜歡手工皂香味較濃的人，可以把喜歡的幾種精油放在一起試聞比較，從中挑選出氣味強度較高的來入皂。

從喜歡的精油當中，挑出氣味強度較高者作為入皂材料。

053　精油要購買單方或複方？

　　不論是香精還是精油，都會因為經過鹼的破壞導致味道隨著時間慢慢變淡，一般來說複方精油入皂後的香氣表現會優於單方精油，舉個例子，柑橘類精油（如：甜橙、檸檬）單獨入皂時留香的效果並不好，但若是加入具備定香效果的精油（如：廣藿香、岩蘭草），就會改變柑橘精油的氣味，同時可以加入氣味強度強的山雞椒、檸檬尤加利精油，來讓它的香味更香、更持久。

054 精油或香精
會導致速 T 嗎？

　　速 T（快速 Trace），指的是快速達到 Trace 的狀態，皂化反應較快。少數精油（如：丁香、冬青、安息香、檜木）以及多數的香精會讓皂化反應變快，如果要做渲染皂，請務必避開。若必須使用這類精油或香精，應在皂液剛開始有點濃稠的時候就要加入，同時要測量皂液溫度，如果超過 50℃，建議直接放棄加入，否則很有可能一倒下去馬上就凝結了。速 T 是無法補救的，情況嚴重時甚至必須要用挖的才能入模，做出來的皂就不漂亮了。

　　但速 T 不是絕對不好，有時候反而會成為一種助力喔！做分層皂的時候最怕皂液不夠濃稠，倒入後破壞掉前一層的皂液，如果能夠利用精油或香精來加速皂化，分層皂的成功率也能提高許多。

055 精油過期
還能做皂嗎？

　　有些精油過期、氧化後會產生刺激皮膚的物質，這些通常是萜烯類含量高的精油，除了易揮發且也不穩定，如檸檬、甜橙、乳香等等，因此如果過期氧化之後使用就容易對皮膚造成刺激，建議這些精油在開封後，在室溫保存下半年內就需使用完畢，放置冰箱冷藏期限為一年；而穩定度高的精油，如檀香、廣藿香，只要存放在陰涼乾燥處，即使存放三年以上都還能使用。

056　會讓皂的顏色變深的精油

有些香精或精油入皂之後，會讓成皂的顏色變深（可能會差 3 ～ 4 個色階），較常見的包括山雞椒、丁香、肉桂、香草、茉莉原精，或是廣藿香、岩蘭草這類本身顏色就偏深的精油。

057　配方中的精油可以隨意添加嗎？

盡量挑選同一種類型的精油，比方說使用草本類的精油，就不要再搭配花香的，味道比較一致。添加量一般都是使用（油重＋水重）的 2%，有些人甚至會加到 6%，不過當精油濃度太高，皮膚敏感的人要注意是否會產生過敏。如果不喜歡香味太重，可以只加 1% 就好。

在皂中增添精油，可以讓洗澡時享受芳香的氣息。

058　香精好，還是用精油好？

用香精製皂成本較便宜，成皂後的香味也比較濃郁，但最主要還是看你做手工皂是為了什麼，如果是為了天然，那麼一般市售的香精都是化學萃取而成，應該選擇純精油才是天然的；如果是為了環保，建議選擇以環保為出發點、可永續利用的植物精油。

此外，市售的薰香因含有溶劑，容易加速皂化，而按摩油含有植物油難以計算皂化價，兩者皆不適合入皂。

059 各種精油特色及功效一覽表

精油	功效
真正薰衣草精油	修護肌膚效果佳，用來放鬆舒壓也很棒！
廣藿香精油	可促進傷口癒合及皮膚細胞再生，抗發炎效果佳，對於濕疹、毛孔角化、香港腳等都能有效改善。
胡椒薄荷精油	淡斑、增加皮膚彈性，清涼的感覺對止癢很有幫助。
檸檬精油	可以幫助軟化角質、美白、預防皺紋。
醒目薰衣草精油	促進傷口癒合，有止痛、抗菌的功效。
波本天竺葵精油	有良好的清潔效果，各種膚質皆適用。
伊蘭伊蘭精油	又稱「香水樹」，使用在皮膚上，可以幫助美白肌膚、調節油脂分泌。
迷迭香精油	可刺激毛髮生長，有效改善頭皮屑；對皮膚有收斂的效果，適合容易出油的肌膚。
甜橙花精油	能舒緩緊繃的神經，安定煩躁的情緒。
安息香精油	可修護改善傷口龜裂。
藍膠尤加利精油	幫助傷口癒合，有強力的殺菌和驅蟲功效。
茶樹精油	有抗菌、消炎的效果，能有效抑制痘痘。
山雞椒精油	有收斂、緊實肌膚的效果，適合油性肌膚使用。
芳樟精油	有減輕肌膚發炎、緩解燒傷與潰傷，淨化皮膚、去痘等功效。
史密斯尤加利	比澳洲尤加利精油少了醛類，性質更溫和，有抗感染、抗菌、止痛的功效。

※ 精油功效參考引用《芳療聖經》（商周出版）一書。

060 如何選購模具？

　　模具可從手工皂材料店購得，挑選時要看所做的皂款需要什麼樣的變化，通常矽膠模會比較好脫模。

模具材質的優缺點比較

模具材質	優點	缺點
木質	不易變形、保溫效果佳	比較不好脫模，可以在模具內鋪上烘焙紙以便取出。
不鏽鋼	不易變形或損壞、方便清洗	· 材質散熱快，需要加強保溫。 · 容易黏模，入模前可在模具上塗一兩滴油，把保鮮膜或投影片（書店有賣）黏在模具上，會比較好脫模。 · 有些烘培用的模具是鋁製的，不可以使用，要特別注意。
矽膠	使用最為廣泛、造型豐富、容易脫模	價格比一般模具來得高，也比較容易破損或變形。
壓克力	市面上有許多可拆卸式的產品方便使用，透明的材質也利於觀察皂液變化。	· 非一體成型，接縫的地方皂液可能會漏出，最好鋪一層保鮮膜在底部。 · 皂液不要直接倒在模具內，要加投影片或保鮮膜隔開，比較不會黏模。 · 容易脆裂，盡量不要摔到，清洗時要特別小心。

061　適合新手的入門模具

一般會建議新手可以利用方型牛奶紙盒作為入皂模具，不僅取得容易、花費低，又易脫模。或是也可以選擇單顆的矽膠模型，可以為手工皂帶來豐富的造型，好脫模且不需切皂，較為方便。

單顆的造型矽膠模，脫模容易，一脫模即能感受到手工皂的造型驚喜。

062　什麼是蕾絲模具？

原本是用來製作翻糖蛋糕的工具，也可以拿來做皂，可以做出擁有美麗蕾絲花紋的皂款。

製作出充滿美麗蕾絲花紋的皂款。

在模型裡鋪上美麗的蕾絲花紋，再倒入皂液。

063

如何挑選攪拌器（手動打皂）？

　　打蛋器選擇大小適中，順手好握的即可，建議挑選不鏽鋼的打蛋器，材質比較穩定，如果不穩定的打蛋器，打皂時可能會融解出一些物質。

需選擇不鏽鋼打蛋器。

064

食物攪拌器（電動打皂）的挑選要點

　　挑選時留意選擇馬達品質好一點的，否則可能用沒多久就燒壞了。請選不鏽鋼材質，最好挑選連外殼都是不鏽鋼的食物攪拌器。有刀片設計的，打皂速度比較快。

選擇不鏽鋼材質，較為耐用。

065　打皂的鍋子有材質限制嗎？

一定要用不鏽鋼鍋，千萬不能用鋁鍋，而且純度越高越好，品質越穩定（304）。請勿使用玻璃碗，用久會脆化。建議在量杯、鍋子上貼標籤，標示基本秤重量（量杯與鍋子本身的淨重），有時不小心忘了扣重還能補救。

在鍋子、量杯外貼上標示重量的標籤，以防萬一。

066　新手必備的打皂工具

更多做皂工具說明，請見 p.124。

· 防護用：手套、圍裙、口罩
· 量測用：電子秤、不鏽鋼鍋、不鏽鋼或塑膠量杯
· 溶鹼用：玻璃攪拌棒或不鏽鋼長柄湯匙
· 打皂用：不鏽鋼打蛋器、刮刀、溫度計
· 塑形用：模具、菜刀、線刀
· 定型用：各類模型，也可以使用牛奶紙盒盛裝
· 晾皂用：保麗龍箱（保溫）、有透氣孔的水果籃或茶盤。

將手工皂放於底部有透氣孔的籃子中晾皂，較為通風透氣。

Part 2

打皂中——
美麗不失敗的
製皂技巧

067　測量比例時 一定要很精準嗎？

　　有些人打皂的時候比較隨興，覺得克數差不多就好，但這也是造成手工皂品質不穩定的原因之一，測量越精準就越不容易有問題。另外還有一些小細節也要注意，溶鹼時，如果氫氧化鈉因為潮濕黏在瓶子上，殘留較多時也要盡量刮乾淨（殘留不多影響不大），或是油鹼混合時油脂殘留在鍋子上，也要盡量刮乾淨，否則有時候會誤差到 10 ～ 20g，這樣就會對成皂有影響喔！

精準測量，是確認手工皂品質的基本條件之一。

068　鹼量不足， 容易失敗？

　　因為有部分油脂沒有與鹼皂化，做出來的皂體會偏軟、遇水容易軟爛，皂體摸起來也會有一種油油的感覺，再者因為有殘留的油脂，也會讓手工皂的清潔力下降、容易酸敗。如果氫氧化鈉比配方應有的量少，皂液可能無論怎麼攪拌也無法達到 Trace 的狀態。

069 如何確認 鹼是否過量了？

過鹼時做出來的皂體會偏硬，pH 值也無法降到 9 以下，表面會出現一顆顆的細小結晶。成皂洗起來不太舒服，洗後皮膚會有一種刺癢、乾燥的感覺（不過洗起來有點刺癢，不一定是過鹼，也有可能是鹼沒有完全溶解）。如果鹼量誤差太大，甚至會一切就裂。

過鹼時皂體會太硬，切皂時會切出絲狀。

070 硬油一定要 融解後才能打皂嗎？

常年在室溫下保持液態的油稱為「軟油」，像是橄欖油、酪梨油、山茶花油等等；當氣溫變低就呈現固態的油稱為「硬油」，像椰子油和棕櫚油雖然會變成固態，但硬度不高，即使不融解也可以將鹼液直接倒入油鍋中攪拌（但剛開始因為油脂是固態，攪拌的時候要小心慢慢打），隨著皂液升溫自然就會融化。但是硬度較高的乳油木果脂、可可脂等油品，建議還是隔水加熱融解之後再做皂比較好。

軟油，在室溫下為液態狀。

硬油，氣溫較低時就會呈現固態狀。

| 影片示範 |
掃描 QR code，
看娜娜媽示範教學
「椰子油家事皂」

071　固態油品
反覆加熱會壞掉嗎？

固態油脂（如：可可脂、乳油木果脂等等）如果反覆加熱可能會縮短油品的壽命，建議只挖出所需分量融解就好，或是全部一次融解後再進行分裝。另外像椰子油、棕櫚油、棕櫚核仁油這類會「冬化」（油脂中的脂肪酸因溫度產生的變化）的油品，可先隔水降溫（不用加熱），然後倒入密封盒裡保存，打皂的時候用多少就挖多少，直接油鹼混合攪拌即可。

072　使用高比例的
硬油配方做皂

若要使用高比例的硬油配方時（例如 100% 的未精製乳油木果脂），油溫建議控制在 35℃ 以內，以免皂化速度過快、來不及入模，而且最好是以單模入皂，避免一切就裂。

利用單模製作較易脫模，可避免成皂過硬、切皂失敗。

073　「水入鹼」
還是「鹼入水」？

　　建議以鹼入水（或冰塊）比較安全，可以分次降低水的溫度。請準備兩個容器，一個用來測量氫氧化鈉、一個盛裝水或冰塊（避免不小心倒太多的狀況發生），再把氫氧化鈉分 3 ～ 4 次倒入冰塊旁或是水中，這樣溫度較不會急速升高，鹼液也不易噴濺出來，較為安全。倒入時要一邊攪拌，避免氫氧化鈉沉在底部，最後充分攪拌直到沒有鹼塊為止。

　　如果不確定氫氧化鈉是否完全溶解，可以利用篩子將鹼液過濾，確認是否有顆粒殘留。由於鹼液是強鹼，具有腐蝕性，攪拌的時候不要太用力，如果不小心潑濺到皮膚，一定要馬上用大量清水清洗乾淨，如有不適症狀，請盡速就醫。

將氫氧化鈉分 3 ～ 4 次倒入冰塊旁，可避免溫度急速上升，操作起來也較為安全。

利用篩子過濾鹼液，可檢查是否有未溶解的氫氧化鈉。

074　使用氫氧化鈉（鹼）的注意事項

① 避免受潮

乾燥的氫氧化鈉只要一接觸到水就會變成有腐蝕性的強鹼，存放時要非常小心，一定要保持乾燥，需密封以避免接觸到空氣中的水氣。最好放在孩子們拿不到的地方避免危險。

② 做好防護措施

做皂前務必穿戴好安全防護，包括防滑手套、圍裙、護目鏡。量鹼時要用乾燥的不鏽鋼杯（避免使用玻璃杯，因鹼會腐蝕玻璃），而且速度要快，以免受潮黏在杯子上。如果不小心碰到鹼液或皂液時一定要立刻清洗乾淨，用大量清水沖洗到不會刺痛為止。

戴上防護手套，可避免細小的氫氧化鈉不小心跑進指縫間，造成刺痛。

③ 成皂需放置一至兩個月

手工皂做好後，至少要放置一、兩個月後才會退鹼到安全的程度，放越久刺激度越低。不過手工皂是弱鹼性，人體是弱酸性，雖然酸鹼中和後對我們無害，但若皂液滲入眼睛內還是會有刺痛感（不用過於擔心，趕快用清水清洗乾淨即可），所以如果是要給小朋友使用的皂，建議放久一點再使用，並避開眼口位置，以免不小心摸到肥皂泡泡而讓眼睛產生刺痛。

晾皂一至兩個月，讓鹼性降低，使用起來更安心。

075　溶鹼時產生的大量氣體

當鹼遇到水時，溫度升高，產生大量會腐蝕黏膜的氣體，吸入過量會對身體有害。除了要戴口罩防護、在通風處或是抽油煙機下操作，並且將水分做成冰塊再使用，這樣可降低溶鹼的溫度，比較不容易產生煙霧（冰塊建議至少冷凍一星期以上，冰塊夠硬的話溶鹼時升溫才不會太快）。下表列出用水分與冰塊溶鹼的差異給大家參考：

作法	溶鹼過程
用水溶鹼	因為溶解溫度較高，會產生大量氣體，不但危險性高，還需要等待鹼液降溫才能打皂（此時鹼液溫度可能高達 80 ～ 90℃，要等三十分鐘左右才會降溫下來）。
用冰塊溶鹼	溶解溫度較低，不容易產生有害氣體，相較之下危險性較低，也不用等待鹼液降溫，可節省製皂時間。

076　乳類溶鹼需要過篩嗎？

其實不論是用什麼樣的液體來溶解氫氧化鈉（即使是純水也一樣，有時會有雜質），都建議要用濾網進行過篩較為保險，尤其母乳是黃色的，不容易看出氫氧化鈉有沒有完全溶解，所以最好要過篩。

077

如何確定氫氧化鈉
有溶解完全？

　　氫氧化鈉沒有完全溶解時，做出來的皂表面會帶有白點、裡面會有水窪的感覺，洗的時候皮膚也會感覺刺痛。如果有上述情形建議停止使用，或是用「再製法」將皂重製（請參考 p.112）。

皂表面上的白點，即為沒有溶解完全的氫氧化鈉。

切面有水漬般的斑點，也是沒有溶解完全的氫氧化鈉。

078

溶鹼時不小心水量或
鹼量加錯了怎麼辦？

　　如果加錯水量或鹼量時，除非很明確的知道自己加錯了什麼、數量多少，才有辦法補救，否則從外觀是無法判斷的。如果覺得自己可能測量錯誤，建議倒掉重新測量最為保險（錯誤的鹼液可加三倍水量稀釋，用來疏通水管），畢竟製皂失敗的損失絕對比鹼液的成本高出許多。從這裡也可看出精確的測量是很重要的喔！

079 要以「油入鹼」 還是「鹼入油」？

其實兩種方式都可以。如果把油脂倒入鹼液中，可能會因為油脂殘留在鍋裡而影響配方比例，要記得把油刮乾淨；反之，如果把鹼液過篩倒入油脂中，可以確認有沒有殘留的氫氧化鈉，不過鹼液有危險性，一定要小心拿好、分少量多次緩緩倒入，以免噴灑出來，並且需盡快攪拌皂液讓油鹼混合。

鹼入油：將鹼液倒入油脂中時，需小心拿穩，避免鹼液噴灑出來。　　　油入鹼：將油脂倒入鹼液中時，需確實將油脂刮乾淨，以免影響配方。

080 打皂時 發現有硬塊

有硬塊有可能是鹼塊沒有溶解完全或是硬油凝結了。如果是殘留鹼塊，成皂之後可能會失敗（皂體會有一顆顆的鹼粒）或是對皮膚造成傷害，所以我們在溶鹼後一定要先過篩再倒入油脂中攪拌，即可避免有未溶解的鹼塊。

如果是硬油，再多攪拌一陣子，溫度升高時自然就會散掉，否則皂化不完全，成皂之後可能會有白塊、白點，或是容易導致手工皂酸敗等情形。

081　打皂的最佳溫度

　　冷製皂適合的溫度眾說紛紜，但基本上油鹼要混合的時候，兩者的溫度不要太高（建議控制在 45℃ 以下），也不能太低（否則皂化速度會太慢），如果要做乳皂的話，溫度在 35℃ 以下成皂的顏色會比較漂亮。

　　為什麼需要控制溫度呢？因為隨著攪拌的過程，皂液溫度會逐漸提高，如果起始的溫度就已經偏高，後面容易導致皂液太快變濃稠、無法攪拌均勻，影響皂化，入模後皂體可能會像火山一樣裂開（「火山爆發」名詞解釋請參考 p.104）。

油鹼混合前，需先測量兩者的溫度。

不同溫差，造成裂開的程度也不一樣。

082　精油沒有攪拌均勻，成皂會有什麼影響？

　　如果成皂後皂的表面是平整光滑的就沒問題，但如果有些地方呈現褐斑的顏色，比較不耐存放，需要切掉或盡快使用。

083　打皂的手法技巧

打皂其實不難，但要打出一鍋「好皂」，建議可以掌握以下三個重點：

① **掌握速度**

打皂的速度不能太慢，否則皂化速度也會變慢，不但要花比較長的時間才能入模，也可能導致硬油凝結等情況而讓失敗機率提高。

② **控制力道**

別因為追求快速而攪拌得過於大力，皂液不小心濺出的話，對身體或衣服都會帶來腐蝕效果，而且成皂後的皂體會產生很多氣泡，看起來就不是那麼美觀了。力道盡量適中就好，打太小力油鹼碰撞不夠，打皂時間會拉長，皂還太稀就入模，容易會有雪花或是鬆糕的情況產生。

③ **攪拌**

盡量每一個角度都要攪拌到，讓皂液碰撞得更均勻、皂化就會越完整。

084　如何減少氣泡？

攪拌時力道輕一點，入模前慢慢把氣泡打消，成皂後表面會比較平滑。但如果打皂時太過用力會打入過多空氣，或是使用電動攪拌器，成皂表面就會出現較多的小氣泡，這些坑洞並不影響使用，若追求美觀的話可用刨刀將表面刨除。

攪拌時力道過大，會讓空氣進入皂液中，形成許多小氣泡。

085 電動打皂與手打皂的差別

手打皂需要花費較多時間與體力。

有些人覺得手打皂能呈現比較細緻、耐洗的洗感，而電動打皂較為快速方便，但缺點是容易產生氣泡，得做好消泡的動作，或是需掌握電動打皂的技巧，才能達到省時省力。

我會建議時間有限、缺乏耐心或體力較不足的人可以嘗試電動打皂，無需堅持手打，否則可能做皂沒幾次就打退堂鼓，反而失去了我們自製手工皂的初衷。

086 食物攪拌器使用注意事項

電動打皂可以節省時間。

使用食物攪拌器可以比手打皂節省好幾倍的時間，舉例來說馬賽皂手打可能要兩個小時以上，但使用食物攪拌器只要約 10 ～ 15 分鐘，有些配方甚至 3 ～ 5 分鐘就完成了。不過，雖然食物攪拌器讓打皂變簡單快速了，但也有不少地方要注意：

① 鍋子的高度最好超過 20 公分，將攪拌器放入皂液底部後再啟動（請先設定慢速），這樣打皂時皂液比較不會噴濺出來。

② 打皂的時候一樣要每個範圍都攪拌到，不可以停在一處定點不動，否則只會有部分皂液變濃稠。

③ 每打一陣子要停下來觀察皂化程度，並且換成手動攪拌，讓機器休息一下。如果發現皂液已經開始變濃稠，即可改成手動攪拌直到 Trace（使用電動攪拌器可能會打得過稠），並趁機觀察是否有充分攪拌均勻。

087　什麼是 「兩段式加水」？

有些人是為了加快皂化速度（如果要打比較難皂化的配方，例如馬賽皂），有些人則是為了保留更多的母乳養分而採取兩段式加水。

作法說明：溶鹼時先用 3/4 的水量來溶就好，等皂液達到 Light Trace 的時候，再加入剩下的 1/4 水量，此時皂液會因為濃度改變而再次升溫、加速皂化。

這種做法需要注意的是，補水的溫度應略高於皂液溫度，否則入皂後可能會失溫導致硬油凝結而引起假皂化，而且因為剛開始使用的水量較少，皂液會濃稠得比較快，所以要特別注意第二次加水的時間點，不小心太晚加的話，可能會因為皂液過度濃稠而無法加入喔！

088　什麼是 「分段式加油法」？

如果你要做的是皂化時間較久的配方（油品的皂化速度請見 p.84），可在打皂時先加入比較容易皂化的油品，等皂液溫度變高了、達到 Light Trace 程度後，再加入不容易皂化的油品，這樣一來會比較容易打到Trace 的狀態（也有此一說，把貴的油品放在後面再加入，比較不會破壞養分）。

娜娜媽以馬賽皂實際操作，發現「兩段式加油法」的打皂時間和一般製作的時間是一樣的。

089 馬鈴薯發芽了還能入皂嗎？

　　馬鈴薯入皂後具有吸附油脂與髒汙的效果，很適合用來做家事皂，但如果發芽了就會產生「茄鹼」，並非切除後就無毒，所以不建議拿來打皂喔！以下為馬鈴薯的入皂步驟：

① **洗淨切塊：**

　　將 200g 馬鈴薯洗乾淨切小塊（帶皮）。

② **打成泥：**

　　將馬鈴薯塊與 100g 純水用電動攪拌器打成泥（水量需從配方的總水量中扣除）。

③ **加入皂液：**

　　將馬鈴薯泥加入油鹼混合好的皂液中攪拌均勻，此時溫度上升，高溫會讓皂液分離、馬鈴薯呈現泥狀，不用過於擔心，繼續攪拌即可，直到皂液變得濃稠可畫 8 即可入模（請務必攪拌均勻，如果皂化不完整可能會影響皂的保存期限）。

090　薑的入皂方式

老薑可以促進血液循環、改善手腳冰冷，入皂後溫潤的洗感更是適合冬天使用。有以下二種入皂方式：

① **用薑汁取代水分：**

　　準備一個小鍋，將 150g 老薑拍碎，放入 500g 水中，以中小火煮 50 分鐘。薑汁放涼後過篩並做成冰塊，冷凍一星期以上再用來溶鹼。

② **薑粉入皂：**

　　取 10g 老薑粉過篩後，依照添加物的方式倒入皂液中攪拌均勻即可。

091　粉類添加物的　　　入皂方式

通常粉類添加物有兩種處理方式，像是可可粉、胭脂樹粉要過篩後，再加入皂液中；而低溫艾草粉可以取出少量的皂液攪拌均勻後，再加入皂液中。

092

絲瓜絡可以入皂嗎？
有什麼功用呢？

可以，絲瓜絡入皂具有去角質的作用，使用前要先清洗、曬乾，打好皂液（可畫 8 的狀態）之後，有以下兩種添加方法：

① **把絲瓜絡做成模具：**

準備數個 12 公分高的絲瓜絡，用保鮮膜從底部往上包覆，裹緊之後以膠帶固定，建議包兩層比較不易破損（圖 1-1）。將皂液倒入後輕輕敲幾下，讓皂液填滿空隙，再放入保溫箱裡保溫兩三天、晾皂一個月以上再使用（圖 1-2）。

1-1

1-2

② **用絲瓜絡做分層：**

先倒入一層皂液（圖 2-1），再放入拉長的絲瓜絡，不要一次放一大團（圖 2-2），最後倒入剩下的皂液即可（圖 2-2），要輕敲幾下讓皂液滲進去，才不容易產生氣泡。

2-1　　　　　　　　　　2-2　　　　　　　　　　2-3

093　橘油如何入皂？

橘油有天然抑菌效果，做成洗碗、洗衣的家事皂都很適合，可於手工皂材料行購得。用量看個人喜好加入 2 ～ 5%。添加時機是在皂液打到微微濃稠（Light Trace）的狀態時直接倒入，攪拌均勻直到皂液表面可畫 8 即可入模。

094　蠶絲可以入皂嗎？

蠶絲具有蛋白質，做出來的皂洗感細膩，可以在手工皂材料店或蠶絲被專賣店購得蠶絲或蠶繭（蠶繭需先剪碎較好溶解）。在溶鹼的時候加入鹼液中攪拌，利用鹼液的高溫來融解蠶絲，溫度至少要在 80℃ 以上，攪拌時間比一般溶鹼更長，要攪拌至蠶絲完全融化為止，並建議過篩後再與油脂混合（詳細做法請參考 p.136）。

蠶絲

蠶繭

095 糖可以增加起泡度嗎？

打皂時加入糖或蜂蜜會讓皂液升溫、皂化反應更加完整，用量只需約油重的 3%，不但起泡度會變好，又不會加速皂化。不過糖或蜂蜜必須先溶於水（融解用的水必須先從配方中的總水量扣除）才能入皂進行反應，可在 Light Trace 狀態下加入。

蜂蜜入皂可以帶來光滑細膩的洗感，但用量需控制在總油重的 3% 內。

096 蜂蜜與黑糖入皂會產生斑點嗎？

不會，除非蜂蜜或糖沒有完全融於水，如果融解不完全入皂就會有結塊，成皂會造成嚴重的出水。尤其因為蜂蜜分子太大，一定要先調水之後才能入皂，否則肥皂會產生細小的斑點（大約 0.1 公分的點狀）。

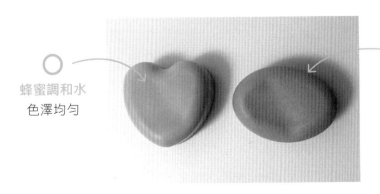

○
蜂蜜調和水
色澤均勻

✕
蜂蜜未調和水
表面布滿細小
斑點

097　如何製作鹽皂？

有些流傳的皂方使用的海鹽重量是油重的一半，但通常高比例的海鹽皂會產生鹽析現象，做出來的皂會不斷出水、硬度變高，因此建議海鹽重量不要超過油重的 1/3，成皂大約出水 2 ～ 3 天就會呈現乾爽、好保存的狀態。

由於鹽皂硬度較高，建議使用單模具來製作，不要再切皂，以免一切就碎。製作時不用保溫，4 ～ 6 小時即可脫模。（因鹽皂具有消炎、去角質的效果，建議使用細海鹽來製作，否則洗起來可能會痛，夏天一星期使用 2 ～ 3 次，冬天一星期一次即可。）

乳鹽皂　　　　　　　　　　　　　　　　　　　水鹽皂

乳鹽皂的出水比水鹽皂多。

098　蘆薈膠可以取代蘆薈入皂嗎？

蘆薈膠入皂如果攪拌不均勻，就會產生白點和氣孔。

娜娜媽有實際添加蘆薈膠（油重的 3%）去測試，成皂是可以使用的，假設無法取得新鮮的蘆薈，可以到藥局購買沒有調味的蘆薈膠來替代，但洗感就要看個人喜好了。蘆薈膠需於 Light Trace 加入，而且一定要攪拌均勻才不會出現顆粒狀。

099　添加物 加入的時機

　　當油脂和鹼液充分攪拌均勻、開始出現 Light Trace 狀態後，即為加入添加物或調色的好時機（但加入添加物之前，要先加入精油攪拌，並需避免使用會加速皂化的精油）。

　　另外要特別注意的是，如果添加物本身含有水分（像是乳類、蔬果汁、液體色素等等），會讓皂化速度變快，必須在 Light Trace 的時候添加，並且盡快攪拌均勻，以免到時候來不及入模（更多易加速皂化的添加物請見 p.85）。

100　粉類添加物 的注意事項

　　粉類大多都有吸水的效果，加入後會使皂液變濃稠，而植物粉的稠度會比礦物粉更甚。因礦物粉還具有去角質的效果，如果皮膚較乾燥者，建議不要使用含有礦物粉的配方皂，以免越洗越乾。

　　添加粉類的時候，可以用過篩的方式分次撒入，薄薄的一層不容易結塊，也比較方便攪拌（如果結塊又沒充分攪拌均勻會影響皂的成敗）。但如果想要加水調勻的話，水量要從總水量中扣除，而且不能加太多，以免加速皂化。此外，攪拌時一定要徹底攪拌均勻，避免沉在底部。

101　絲瓜水、苦瓜水可以入皂嗎？

絲瓜水具有保濕效果、苦瓜水具有消炎效果，皆有現成的產品可購得（台灣的處理方式是從瓜藤中擷取出來的，不是榨汁的），價格也很便宜，可做成冰塊溶鹼用。絲瓜水入皂能帶來滑潤洗感，大家可以試試看喔！

將苦瓜水入皂，洗感非常清爽舒適。

102　植物粉一定要過篩嗎？

不一定，要看磨粉的技術，如果磨得很細，可以搭配少量的皂液攪拌均勻之後，再做渲染或分層。另外像低溫艾草粉本身是毛絨狀的，不是細粉無法過篩，也不需要溶水，同樣是跟皂液攪拌均勻即可。

可可粉、胭脂樹粉容易結塊，入皂前一定要先進行過篩。

103　渲染皂
怎麼做才會漂亮？

皂液打到微微的濃稠狀（Light Trace）、在表面畫線條不會很快沉下去時，即可開始做渲染，如果已經到可畫 8 的程度就太過濃稠、不好攪拌做渲染了。下面列出常見的渲染作法以及注意事項：

① **倒入渲染：**

將調色皂液直接倒入原色皂液裡，呈現連續的 Z 字形（圖 1-1），皂液倒入時需要有一點衝力，才能到達皂液底部，線條才不會停留在表層。順著線條將皂液倒入模型中（圖 2-2）。

完成作品

1-1

1-2

② **竹籤勾勒（以愛心為例）：**

　　將兩種調色皂液分別倒入約十塊錢的大小，並做成同心圓（圖2-1），再用竹籤勾勒出愛心線條（圖2-2）。請用淺模，因為這類渲染通常只會在表面，如果用太深的模具，切皂後會有部分皂沒有產生渲染效果。

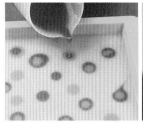

2-1　　　　　　　　2-2　　　　　　　　完成作品

③ **Z 字型：**

　　將兩種不同顏色的調色皂液倒入，形成兩條直線（圖3-1），再用竹籤以 Z 字型方向劃開（圖3-2）。劃開時 Z 字型要密一點，間距約 0.8 ～ 1 公分，線條要細緻（皂液不能太濃稠）脫模後以垂直方向切皂。

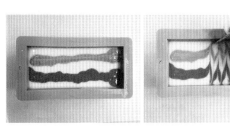

完成作品　　　　　　3-1　　　　　　　　3-2

104

分層皂
怎麼做才會漂亮？

　　工欲善其事、必先利其器，分層要方便操作，所選擇的模具尺寸最好不要超過 20x15 公分，並依照想要分層的數量準備好調色用的容器，比方說要做三層皂就先準備三個量杯，操作時才不會手忙腳亂。

　　做分層皂的時候，必須等第一層皂液具有一定的稠度之後再倒入第二層，如果想要加速皂化的話，配方可以選擇紅棕櫚果油、米糠油、蓖麻油、乳油木果脂等容易皂化的油品（但用量建議不要超過 10%，以免皂化過快），或是在入模前加入少許會加速皂化的精油，像是安息香、檜木、丁香、冬青精油等等，可縮短等待時間。但有加速皂化效果的油品跟精油不可同時使用，以免皂液過度濃稠而不好入模。下表將列出常見的分層作法以及注意事項：

分層方式	作法	注意事項
一般分層 	將不同顏色的皂液分次入模。 	倒入皂液的時候如果力道控制不好容易失敗，可用刮刀輔助，不要讓皂液大量倒入而影響前面做好的分層，否則可能會出現不平整的波浪。

篩粉分層	在分層皂液之間，用篩子過篩、平均撒上一層薄薄的有色粉末，切皂後會形成一條細線的效果。	粉量不要太多，以免讓皂斷裂。

隔板分層	將事先做好的皂片裁成大小剛剛好卡住模具對角線的尺寸，或是用多個皂片切割成數個三角形（視要做幾種顏色而定）。	① 皂片要放好，要有一定的牢固程度，如果倒入皂液時皂片傾倒就失敗了。 ② 製作分隔皂片的時候，建議使用線刀，切出來的皂片厚薄度才會較為一致。

鋸齒分層	用鋸齒刮板在皂液表面由右至左刮出線條後，再倒入第二層皂液。	① 刮的時候，要以刮板的深淺為主。 ② 一定要等第一層皂液定型後再倒入下一層。

105　皂中皂的注意事項

　　皂中皂的做法相對簡單，可將手邊多餘的皂邊切成細長的皂條、用手剝成碎片狀、揉成圓形的皂球或是用刨刀刨成絲狀。要放入的皂中皂建議挑選做好一個月之內的，如果已經放太久，成皂後可能會不好切或是容易分離，然後新打的皂液避免使用皂化太快的配方（容易加速皂化的材料請見 p.85），否則黏著度可能會不夠，一切下去就裂開。

放入剝碎的皂邊。

完成作品

106　食用色素可以用來調色嗎？

　　不建議使用，食用色素不耐鹼，入皂之後顏色就會褪色，不建議作為入皂材料，如果一定要使用的話，建議只用來製作水皂，能保有一些顏色，但乳皂則是會完全褪到沒有顏色。

107 皂的顏色會越放越淡？

大部分的顏色都會隨著時間氧化變淡，尤其胡蘿蔔素更為明顯。舉例來說，酪梨油皂剛開始是比較深的綠色，隨著時間會慢慢變白，而紅棕櫚油皂的顏色剛開始是像紅蘿蔔一樣的橘色，見光會產生白點，並逐漸褪色。

建議配方選用牛乳、母乳等乳類代替水分溶鹼，成皂後使用不透光的紙袋來包裝，並擺在乾燥、通風處，減少與空氣和光線接觸，皆可減緩褪色速度。

紅棕櫚油皂製作一星期後的色差。　　　　　　酪梨油皂製作一星期後的色差。

108 乳皂顏色為什麼會偏黃？

母乳多為乳黃色，所以做出來的乳皂顏色也會比較深且偏黃，建議鹼液與油脂的調和溫度控制在 35℃ 以下，做出來的皂色會比較白皙好看，或是使用半乳半水，成皂也會比全乳皂更白一點。

109　具有定色效果的製皂材料

叮用乳類來代替水分溶鹼，或是在 Light Trace 時添加蜂蜜，都能減緩褪色速度。但蜂蜜的量不能太多，比例約為 700g 油脂：14g 蜂蜜（油重的 2%）。

母乳具有很好的定色效果，使皂不易褪色，還能帶來溫潤的洗感。

110　紫草皂顏色變灰了？

許多人本來以為紫草浸泡油入皂後會是漂亮的紫紅色，但最後卻與想像中的大相徑庭，因為紫草的量跟浸泡時間都會影響顏色，量越多、放越久，顏色就會越深、接近紫黑色。

紫草浸泡油放置越久，顏色會越接近紫黑色。

111 色粉會對皮膚造成不好影響嗎？

　　加入色粉可以讓手工皂更加美觀豐富，雖然有些人覺得洗澡時接觸的時間短，使用非天然色粉對皮膚的影響不大，不過我會建議大家可以的話，還是以天然顏料製作較為安心，對於敏感性膚質也比較好。像是低溫艾草粉、備長碳粉等植物粉或礦物泥粉，都是不錯的選擇。

天然調色材料一覽表

色彩	添加粉類或選用油品
黃色	薑黃粉、金盞花粉、番紅花粉、阿波勒黃色粉
橘色	有機胭脂樹粉、紅麴粉、胡蘿蔔素
棕色	可可粉、可樂果粉、玫瑰果粉、紫檀粉、茶樹籽粉
紅色	深粉紅石泥粉、茜草粉（剛調好的時候顏色較深，但成皂後顏色會變淺）
紫色	紫草浸泡油
藍色	青黛粉
綠色	低溫艾草粉、綠石泥、馬鞭草粉、綠藻粉、蕁麻葉粉、菠菜粉、苦瓜粉
灰色	紫草根粉（灰藍色）
黑色	備長炭粉、竹碳粉
白色	如果想做出純白色的皂，可使用已精製的油品來做皂，像是榛果油皂、杏桃核仁油皂、山茶花油皂等等，或是添加二氧化鈦。

112 Trace 的變化

　　當油脂與鹼液混合攪拌時，皂液會逐漸變得濃稠，而我們會依照濃稠度來判斷何時可做變化或入模的時機，詳見下表：

皂液可以畫出淺淺 8 的形狀。

① Light Trace（微微濃稠）

　　皂液開始有一點濃稠，用攪拌器可在皂液表面畫出淺淺的 8 的形狀，此時皂化反應尚未完全，還不能入模，卻是調色、做變化的好時機。如果配方中有使用一些會加速皂化的材料，此時就必須加入，否則等到完全 Trace 才加的話，可能會導致皂液過度濃稠。

② Trace（濃稠）

　　皂液的狀態變得像美乃滋一樣濃稠，用攪拌器可在皂液表面畫出明顯的 8 且不會消失，是最適合入模的狀態，入模之前記得要消除氣泡，成皂會比較美觀。

濃稠感，可畫出明顯 8 的痕跡。

過度濃稠，難以入模。

③ Over Trace（過度濃稠）

　　皂液攪打太久，已經過度濃稠，連攪拌都會變得吃力，請盡快入模，不要再做渲染或分層變化。如果已經嚴重到結塊，就只能用湯匙把皂液挖出，之後用來作為皂中皂。

113 Trace 的重要性

　　沒有 Trace 的話，皂化不完整時，皂的結構也就不完整，成皂的表面皂粉會很厚，顏色不均勻。

　　如果油鹼沒有混合均勻，代表有油脂沒有充分跟鹼反應，容易產生鬆糕或是假皂化、油水分離等問題，成皂也容易酸敗；如果是添加物沒有攪拌均勻，如：蜂蜜、粉類、新鮮食材，可能會因為結塊而導致成皂後出現凹洞、出水或出油等現象，或是讓皂體鬆散、出現鬆糕；如果是精油或香精沒有攪拌均勻，會導致皂液的皂化速度不一，皂化較快的部位因為溫度較高，可能出現果凍現象、顏色較深，而皂化較慢的部位顏色較淺。

沒有攪拌至完全 Trace，就會產生鬆糕現象，成皂出現很厚的皂粉。

114 打很久都無法 Trace 的原因

　　可先確認該配方是否本來就要打比較久的時間，再來確認油鹼有沒有量錯，如果不是很確定時，可以打一打先放著（放置五到十分鐘），再觀察看看有沒有變濃稠，假設一直都沒有變濃稠，有可能就是油太多或是鹼太少。

115　油的皂化速度

　　以下表格僅以單品油的皂化速度來做區分，可根據這些油品的皂化速度特性來調整配方中各種油品的比例。（皂化時間僅供參考，會受到油品來源及個人打皂速度影響而有不同。此外，已精製和未精製油品的打皂時間會相差 2 ～ 3 倍）。

皂化速度	代表油品
快（5 ～ 30 分鐘）	未精製紅棕櫚油、米糠油、蓖麻油、未精製乳油木果脂、未精製芝麻油、未精製酪梨油
中（31 ～ 60 分鐘）	未精製澳洲胡桃油
慢（1 小時以上）	開心果油（約 2 小時） 杏桃核仁油、榛果油、甜杏仁油、山茶花油（約 4 ～ 5 小時） 純橄欖油皂（約 6 小時）

116　如何判斷是否攪拌均勻？

　　如果皂液有油光或是分層的情形，就有可能是攪拌不均的關係，此時請勿入模，必需繼續攪拌，否則成皂可能會發生油水分離或鬆糕等問題，所以一定要打皂至 trace 的狀態再入模。

皂液表面有油光，可能代表沒有攪拌均勻，需繼續攪拌。

117　哪些材料
會加速 Trace ？

　　肥皂是不可逆的反應，如果速 T 的話，裡面有些成分可能沒有皂化好，只能先入模再視成皂的狀態來決定後續該怎麼處理（狀況嚴重者可能幾秒鐘就變硬了，連入模都沒辦法），因此在材料挑選上應該要特別注意。尤其是想要做渲染皂者，需避免使用會導致速 T 的配方。詳見下表：

導致速 T 的材料	說明	因應方法
高比例的硬油	因為要把硬油加熱融成液態，容易使溫度偏高而使皂化反應加快。	加熱後的油脂溫度最好不要超過 45℃。
油品／香氛	部分油品（如：紅棕櫚油、米糠油、蓖麻油、乳油木果脂）、少數精油（如：安息香、丁香、冬青）或大多數的香精（含有溶劑或酒精）、浸泡油（如：紫草浸泡油）都具有加速皂化的效果。	讓皂液溫度低一點（可以隔著冰塊水打皂），延緩皂化反應；或是提高水量，延長打皂時間；也可以搭配比較難打的油（用量約油重的 40% 以上），也有助於減緩皂化速度。
加了有酒精的東西	像是啤酒、葡萄酒等酒品入皂，都會加速皂化反應。	可以加熱煮過，讓酒精揮發再入皂，即能避免速 T。

118 什麼是假 T（假皂化）？

「假 T」其實是「假 Trace」的簡稱，皂液看似已經攪拌至濃稠，但其實只是假象。通常是指配方中的硬油在打皂過程中失溫凝結，讓皂液看起來變得濃稠了，但其實並非是真正的 Trace 狀態，成皂後會有出油、白點、容易酸敗等問題。

那要如何分辨是不是假皂化呢？如果打皂的時候，皂液變濃稠卻可看到許多細小的顆粒，可將皂液進行隔水加熱（水溫建議控制在 40℃ 以下），倘若皂液再度變稀，即代表是假皂化，請取出繼續攪拌直到真正皂化為止。

119 皂液 Over Trace 了

入模後表面會凹凸不均，而且皂液太濃稠、無法流動，導致氣泡不容易飄出來，卡很多氣泡成皂較不美觀。

皂液過於濃稠入模，會導致成皂表面凹凸不平。

120 皂液看起來 油水分離

油水分離大多是因為沒有攪拌均勻，要再多打一下。如果已經入模，還沒成型時可以倒出來再繼續打，但如果已經成型就無法使用了。

油水分離。

121 打皂工具 建議隔天再清洗

打皂後油膩的清洗工作常令人感到困擾，不過只要放置一天後，不但皂液會變得像肥皂一樣比較好清洗，也可以趁機觀察一下皂遇水之後是會變得渾濁（代表皂化成功了），還是有油脂浮在水面（代表攪拌過程不夠均勻）。

一些盛裝油品的器具，往往也都很難洗淨，甚至會覺得越洗越油膩，這時清洗的要點，就是避免用手擦拭器具，以免手上殘留的油脂反覆沾附在器具上。

| 影片示範 |
掃描 QR code，
看娜娜媽示範教學

Part 3

打皂後——
常見的問題

122 什麼程度才能脫模？

一般來說 3 ～ 7 天即可脫模，但主要還是要看配方以及當時的氣候（溫度與濕度）而定。反應成皂速度較慢的配方（如：純橄欖皂、馬賽皂）或是天氣較冷的話要多放幾天再脫模。如果太快脫模，可能會因為失溫而產生白粉，或是有皂體太軟等問題，此時可以再放回保麗龍箱裡，或是用毛巾蓋起來，繼續保溫。

123 脫模的小技巧

脫模時可能會發生皂黏在模具上的情況，可把模型放入冷凍庫一至二小時，再取出脫模就會比較好處理。不過冷凍過的皂會有退冰的水分產生，一定要記得充分除濕、減少水分。

冷凍後的皂表面會出現殘留水分，需充分除濕。

124 脫模後皂體
總是不漂亮？

如果配方中使用高比例的軟油、有做超脂、水分太多、或是天氣太潮濕等等，都有可能影響脫模是否順利，盡量避免這些因素即可。如果脫模之後是呈現凹凸不平的狀態，可以用修皂器刨平，或是切小塊搓成皂球，之後當成皂中皂使用（放置三天左右，等皂變得軟Q不黏手，就可以塑型）。

可以用刨刀將皂表面修飾整齊。

125 造型越複雜的
模具越不易脫模

有些模具款式比較繁複細緻，比方說玫瑰花模，脫模後可能會發生花瓣破損不完整的情形。如果要使用這類模具，建議挑選可提高皂的硬度的油品配方或是減少水量，入模後放置一個星期再進行脫模。最好不要做超脂，否則皂體偏軟容易脫模失敗。

造型越複雜的模型，需選用硬度較高的配方。

126　為什麼不建議 24 小時就脫模？

　　有些新手在做皂之後迫不及待想趕快脫模，但皂化反應是需要時間的，尤其是冷製皂不太可能一天就完成，而且每種油脂的脂肪酸鏈長不同，皂化成皂的時間也不一樣，一定要多點耐心，等待足夠的時間再脫模，並且給予充足的晾皂時間（例外：海鹽皂或家事皂 4 小時就要脫模切皂，或是直接用單模來做，避免皂體過硬，來不及切皂。）。

127　皂晾了好幾天 都不硬

　　配方中添加較多的軟油、有做超脂或減鹼（超脂不要過量，3 ～ 5% 就好），或是水量超過氫氧化鈉的 3 倍以上，都有可能讓皂不易變硬。建議先放冷凍庫 1 ～ 2 小時看能不能脫模，如果不能脫模也無法像一般肥皂那麼硬的話，就只能挖出來放在容器中保存，要用的時候再配合菜瓜布使用，而且因為鹼不夠、清潔力不佳，僅能用於簡單的家事清潔。

128 切皂的工具

① 菜刀：

　　建議選用有鎢鋼外層的刀具，切皂比較不容易沾黏，而且刀面要選擇跟皂體差不多的高度，比較好施力。最好與平常做菜用的菜刀分開使用。

有鎢鋼外層的菜刀，較不易沾黏。

② 線刀：

　　一般來說用線刀切皂會比較好看，但如果沒有這類工具，可改用牙籤先劃線或是用菜刀等尖銳物畫線後再下刀（可用尺輔助），切出來的皂厚薄度才會比較一致。

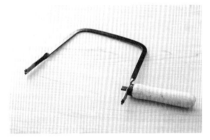

線刀，可以切出厚薄度一致的皂。

③ 排切台：

　　若做皂的量比較大時，建議可以買排切台，一次就可以切出十塊大小一致的皂，快速又方便。

排切台一次就能分切出整齊又漂亮的皂。

129　皂怎麼切才漂亮？

切皂的時機是一個很重要的關鍵，脫模後不要立刻切皂，建議風乾 2 ～ 3 天，等表面都乾燥、不黏手的程度再切，會比較好切。但如果是海鹽皂或家事皂，四小時就要脫模，脫模後立刻切皂，否則會變得太硬不好切。

130　蓋皂章的最好時機

一般來說切片後 3 ～ 7 天，當皂體表面摸起來是乾燥的，並且在平均受力的前提下，皂章壓下去感覺有陷下去即為蓋章的好時機（建議用皂邊先試蓋看看）。但如果是硬度偏高的皂就不要放太久，以免過硬不好蓋，可以在切皂後隔半天或一天就蓋皂章。

蓋皂章時，要利用掌心的力量往下按壓，不要只用手指的力量，以免受力不均。當感覺到皂章往下陷並貼緊皂體表面後，輕輕上下搖一搖再拔起，不要用力拔起，以免連皂都被拉起來。

如果放置超過一個月以上的皂要蓋皂章時，可以利用吹風機加熱皂體表面至大約 70℃，再鋪上一層保鮮膜蓋皂章，皂體就會變得較軟、較好蓋，周圍也不容易裂開。

包覆保鮮膜再蓋皂章，較為模糊

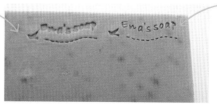

直接蓋皂章，清楚明顯

正常情況下蓋皂章時，不用包覆保鮮膜。超過一個月或太硬的皂，就建議使用保鮮膜。

131　什麼是熟成期？

　　冷製皂與熱製皂不同，它是經過自然、溫和卻又緩慢的皂化反應來成皂，我們稱這段時間為「熟成期」。因為我們是用強鹼來做皂，剛做好的皂尚有一些氫氧化鈉未作用完畢，所以需要放置一段時間讓強鹼變弱鹼（也就是所謂的「退鹼」），才能適合皮膚使用。一般來說，至少要放一個月讓它完成皂化，直到表面乾燥、pH 值下降到 8 ～ 9 才可使用。如果不急的話，可以再多放置一、兩個月，因為比較偏弱鹼，洗感會更好、更溫和（家事皂建議放置一個月以上、身體皂則是放置三個月以上會更好洗）。

132　正確的晾皂方式

　　進行晾皂時，有些人會受限於空間，將皂緊密排列，但這樣的排列方式，無法有效退鹼，皂與皂之間應保持適當的距離，或是有些人也會將皂放在鏤空的層架上，讓底部也能通風。若擔心灰塵附著，也可以用廚房紙巾蓋在皂的上方。

✕ 排列過密　　　　　　　　　　　　　　　　○ 晾皂時保持間距

133　適合
晾皂的環境

　　手工皂製作的每一個步驟都有可能是影響洗感與成敗的關鍵，有些新手辛辛苦苦打完皂，卻忽略了看似簡單的晾皂過程。請記得手工皂怕潮濕，一定要放在陰涼乾燥處或是有經常開除濕的房間裡（因為晾皂時會有氣體揮發，建議不要擺在睡房，擺在獨立房間比較好），這樣才能讓皂保存的更長久。請勿放在室外晾皂，因為室外濕度高，容易造成手工皂酸敗，也不可以曝曬在太陽下，容易變質。

134　皂都
需要保溫嗎？

　　如果是水皂建議要放在保麗龍箱裡保溫（天冷的時候可放入一杯熱水在保麗龍箱裡），可以讓皂化更完整，而乳皂基本上是不用保溫的，除非天氣真的很冷。若是冬天寒流來襲、溫差大的時候，可在模具上蓋一層保鮮膜，脫模切皂後也要再放回保麗龍箱保溫（約 2 ～ 3 天），避免白粉發生。

水皂建議一定要放在保麗龍箱裡保溫，避免產生白粉。

135 哪些皂的晾皂時間較長？

馬賽皂和純橄欖皂都需要延長晾皂時間，因為橄欖油的脂肪酸鏈比較長，反應成皂的時間會比較久，因此建議放置三個月以上再使用會更好洗。

如果軟油比例在 60% 以上，或是單品油皂，也需要較長的晾皂時間。

136 手工皂的縮水率

每一種油品成皂後的縮水率都不一樣，隨著晾皂時間拉長，水分一般會少 10% 左右，芥花油最高可以縮水到 18%，如果晾皂時有開除濕機，縮水率可能還會更高。因為不影響使用，自用者無須在意，但如果是要販售的話，就得注意這個細節，以免成皂的重量與標示有所落差。

蓖麻杏桃洗髮皂完成的樣子。

皂款	縮水率
未精製酪梨油皂	水皂 10% 母乳皂 11%
山茶花油皂	水皂 15% 母乳皂 11%
芥花油皂	13.8 ～ 18%
澳洲胡桃油皂	10.8%
開心果油皂	10.75%
米糠油皂	9%

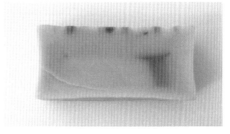

此蓖麻杏桃洗髮皂已縮水變形、褪色。

※ 此測試以一個月、三個月的成皂為基準，所取出的平均數值。

137 如果皂一直
感覺濕濕的怎麼辦？

　　通常是環境中的濕度太高，這種情形也只能加強除濕了。如果家中沒有除濕機，建議去水果行購買保麗龍箱，再放入除濕劑即可，但如果有連續多天下雨、太潮濕的狀況，還是要開除濕機比較好。

138 如何
測試 pH 值？

　　請購買精確度高一點的試紙，像是日本製或德國製的試紙。測量時，可用手指沾一點水塗抹在皂體表面畫圈（加太多水會影響數值），直到產生泡沫或皂液，再用試紙去沾取皂液後（圖 1-1），與試紙盒上的色卡比對即可判斷大概的 pH 值（圖 1-2）。一定要確實量出 pH 值在 10 以下才能使用。

1-1　　　　　　　　　　　　　　　　1-2

139 手工皂可以保存多久？

　　手工皂究竟能夠保存多久，很難有一定的期限，因為會受到保存的環境、濕度、配方等因素影響，但基本上低溫乾燥的環境對皂的保存是比較有幫助的。

將手工皂放置在低溫乾燥處保存，較不易變質。

140 如何保存手工皂？

　　手工皂的保存方式跟晾皂的環境要求差不多，要放在陰涼（25℃以下）、乾燥（要除濕或防潮）處，比方說防潮箱、有開除濕的房間或是在箱子裡放入除濕劑，避免高溫直射或是與空氣中的水氣接觸，否則容易不穩定、提早敗壞。但如果有使用容易敗壞的油品，像是芥花油、葵花油、大豆油等等，或是有做超脂、減鹼的話，請盡快在半年內使用完畢。

141 如何包皂才漂亮？

皂要包得漂亮，需裁切出大小適當的保鮮膜，再用保鮮膜將皂包覆平整、輕輕拉緊不產生皺摺，包覆好再於背面黏起固定。

鋪上切割墊，將皂斜放在保鮮膜上。

上下預留 2cm 的空間，將多餘保鮮膜切除。

用保鮮膜將皂完全包覆。

用膠帶黏起固定。

142 母乳皂會不會過期？

一般人可能會以為乳製品比較容易腐壞，但其實母乳皂保存的時間比水皂還要久喔！因為母乳裡面的脂肪會讓皂變得更穩定，能夠延長保存期限，最多放五年都不會壞（前提是保存的環境要夠乾燥）。

143　包保鮮膜的重要性

當晾皂一個月以上、手工皂熟成之後，建議包上保鮮膜來保存。如果有包保鮮膜，可以隔絕大部分的水氣，皂比較不容易酸敗，尤其像台灣濕度較高，雨經常一下就是好幾天，建議還是花點時間幫皂包緊保鮮膜吧。

另外，下雨時空氣中的濕度會高達 80% 以上，肥皂會吸收空氣中的水分，此時包皂也會將濕氣包進去，讓皂受潮，所以建議雨天盡量不要包皂。

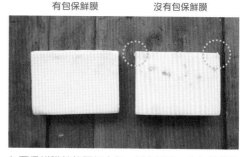

有包保鮮膜　　　　　沒有包保鮮膜

包覆保鮮膜較能隔絕水氣、避免酸敗，沒包保鮮膜的皂則是出現黃斑。

144　老皂跟新熟成的皂有什麼差別？

基本上手工皂是放越久越好洗，超過一年的老皂洗感會溫和細緻許多，只要沒有油斑跟油耗味就可以使用，保存好的皂甚至放五、六年都不會壞。但能不能做出老皂跟環境、配方都有關係，比方說放在浴室裡因為潮濕就會壞得比較快，所以存放環境一定要保持乾燥；而配方如果使用穩定的油品也會比較耐放，像芥花油、葵花油這類不穩定的油品就不適合拿來做老皂。

145　為什麼手工皂放在皂盤裡容易軟爛？

　　愛用手工皂的人常會遇到一個困擾，就是皂遇到水很容易軟爛，不像市售的香皂那麼硬，也因此縮短了使用的時間。可從以下兩點來做改善：

① 如果配方中的軟油比例偏高，做出來的皂就容易軟爛，但軟爛的部分是肥皂吸水的結果，裡面有甘油的成分棄之可惜，建議用起泡袋裝起來，或是兩三塊肥皂輪流使用（也可將手工皂切半後輪流使用），以避免因長時間潮濕而軟爛。

② 皂盤下面如果是集水的底盤，因為肥皂內的甘油會吸收集水盤的水，就容易變得軟爛，所以挑選皂盤時建議選擇下方通風的設計，手工皂較能保持乾燥的狀態。

將皂放入起泡袋中使用，可避免浪費。將皂袋吊掛起來，可讓皂體保持乾爽，更加耐用。

146　養老皂的方式與條件

　　晾皂直到完全乾燥之後再用保鮮膜包起來，放在有除濕或是乾燥的環境中保存。選擇穩定度較高的油品，如：乳油木果脂、橄欖油、棕櫚油、澳洲胡桃油等等。不要使用太快壞的油品，如：葵花油、芥花油、大豆油、月見草油等等。

147

皂邊如何
利用不浪費？

切皂時為了追求皂的厚薄度一致，常會產生一些剩餘的皂邊，可以集合起來裝在皂袋裡，或是裝在瓶罐中泡水後用來洗工具。如果皂做好的時間在一個月之內，也可以用來當成皂中皂的裝飾。

方法 1：搓成圓球或是長條，作為洗手串。

方法 3：收集起來放入皂袋作為洗手皂。

方法 2：收集起來裝在盆子中，可用來洗抹布，或是清洗打皂工具。

方法 4：將皂邊放入皂液中，作為皂中皂的裝飾。

148　過鹼

不是使用較敏感精密的微量秤，或是倒鹼速度太慢，導致克數沒有增加，就有可能會造成過鹼。如果你做的皂常常都有過鹼的情形，可以檢查看看秤有沒有問題，或是換一個能精準測量的電子秤試試。

過鹼皂的硬度太硬，一切就裂掉，只能再製（熱製）來補救，但基本上有點困難，除非你很明確地知道自己多加了幾克的氫氧化鈉，否則很難確定要加入多少油脂讓它完全皂化。如果真的一定要再製，可以先加 3 ～ 5% 的油試試看。

過鹼皂的硬度太硬，一切就裂，形成不平整的斷面。

149　火山爆發

當皂液的溫度太高卻排不出去，就會從中間裂開，通常是因為皂化反應太快而導致熱度沒辦法擴散，比方說家事皂或使用浸泡油等容易加速皂化的配方，雖然外觀不好看，但還是可以使用。如果要避免的話，建議降低打皂溫度，或是浸泡油的用量不要太高。

如果皂化反應過程升溫過高，皂體就易產生裂痕。

150 鬆糕

鬆糕是指皂體的結構鬆散，表面或邊緣一捏就碎了。造成的原因有很多，可能因為配方的皂化率不同，或是攪拌不均、皂化不完全、水量太少、升溫太快、表面失溫（保溫不足、太快脫模、太快切皂），以及配方、溫度、做皂環境、濕度造成的。

如果是失溫引起的鬆糕，還是可以使用，只是外觀不好看而已，除了再製之外，也可以直接刨除外層的皂。但如果是攪拌不均引起的，就要看氫氧化鈉的部分有沒有完全溶解，只要有完全溶解就可以使用。假使鬆糕情況很嚴重時，就直接用熱製法重製吧！

這一塊皂因太早脫模失溫，而產生表面的鬆糕，只要刨掉表層即可使用。

151 長毛

因為台灣氣候比較潮濕，倘若在皂上添加花草裝飾會比較容易發霉。不過有些人會把白粉誤認為發霉，發生這樣的情形建議先用廚房紙巾擦拭看看，如果輕輕一擦就掉了代表是白粉，如果擦不掉或是顏色不是白色，就代表皂發霉了，請勿使用。

152 　雪花／鬆糕

這一塊皂因攪拌不均勻，產生很多明顯的雪花。

皂體表面出現像雪花一樣的白點，代表攪拌不均勻（油跟鹼沒有充分混合、攪拌或乳化不夠），皂體結構不完整，不建議使用，可以刨成絲之後，加 1/10 的水用熱製法再製。

| 影片示範 |
掃描 QR code，
看娜娜媽示範「雪花皂熱製法」教學

153 　甘油河

看起來很像裂縫（裂紋）一樣，發生原因包括溫度太高、皂化太快，或是添加物影響了成皂的情況，比如說香精或添加物用量太多造成升溫了。

正常皂　　　　　　　　　　　　　　甘油河皂

154 白粉（皂粉）

　　皂體表面被一層白色的粉包覆住，通常是溫差造成的，比方說天氣冷太快脫模、太快切皂，讓皂中的鹼與空氣中的二氧化碳交互影響而產生皂粉。另外，不皂化物較多的油品也容易形成皂粉（以未精製油品居多，像是未精製澳洲胡桃油），若想避免產生皂粉，可在模具上覆蓋一層保鮮膜，並且等表面摸起來全乾的狀態再脫模切皂，切皂後放回保麗龍箱 3 ～ 7 天即可減少皂粉的發生機率。雖然不影響使用，但如果已經出現皂粉，可以做一些處理來消除它，詳見下表：

① 覆蓋保鮮膜並緊貼皂體，無皂粉產生
② 沒有包保鮮膜皂體表面與空氣接觸，溫差過大產生皂粉

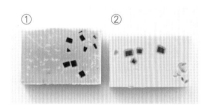

① 咖啡皂太早脫模，出現白粉
② 較晚脫模的咖啡皂，沒有白粉

	方式	作法
利用蒸氣	用熨斗蒸	利用蒸氣的水氣及溫度，稍微蒸燙一下有白粉覆蓋的表面即可。
	用電鍋蒸	用大同電鍋在內鍋加一點水後，將置於碗中的皂放入，蒸 10 秒即可取出，如果還是有白粉，可再蒸 5 秒，一次不要蒸太久以免皂糊掉。
清洗薄粉	水洗	適用於淺層白粉，用水洗完後晾乾即可。
	噴酒精	適用於淺層白粉，用酒精噴在表面即可。
直接去除	刨刀刨除	適用於淺層白粉，直接用刨刀刮除。
利用熱水	50℃ 的熱水	用溫熱水來回澆淋幾次後陰乾，可以改善淺層的皂粉。

155 出油

如果皂出現出油情況時，要看出多少油，如果出油量多，可能是因為油脂和鹼液混合時沒有攪拌均勻，就會導致做出來的皂油水分離，可以透過熱製法重製。但如果油量很少，擦掉就好，不影響使用（打皂的時候一定要打到可畫8再入模，就可以避免油水分離）。

這一塊杏桃核仁油水皂放於室外產生許多水氣和甘油，並不影響使用。

156 失溫的 肥皂如何處理？

失溫有可能是因為太快脫模造成的，如果只有表面產生白粉，可以刮除就好、不影響使用；但如果變成鬆糕或有皂化不完整的情形，又或是一整塊皂都失溫了（每個切面皆呈白色的失溫狀態），最好要重新熱製再使用。

此塊皂經過重新研磨熱製後，就可以安心使用了。

| 影片示範 |
掃描 QR code，
看娜娜媽示範
「研磨皂」教學

157 結晶

　　皂的表面出現顆粒狀、硬硬的結晶體，摸起來像鹽巴一樣的觸感。因為只會出現在表面，不影響使用，還是可以用來清洗。

158 冒汗、出水

　　通常是皂化過程中所產生的水蒸氣在表面凝結成水珠，若配方中有使用左手香，成皂後也會有多餘的水分排出來（表面或底部可能會有水），不影響使用，只要用廚房紙巾輕壓、擦乾就好。拿皂的時候，可戴手套避免留下指紋，同時也保護皮膚不要直接接觸到水珠（此時鹼值還很高，應避免觸碰）。

此為蜂蜜馬賽皂，將蜂蜜入皂常會產生這樣的水珠。

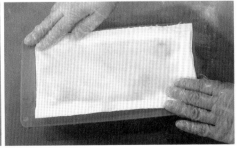

以廚房紙巾輕壓皂的表面，將水珠擦乾即可。

159 **表面有凸起**

晾皂時發現表面凸起，即代表入
模的時候皂液太濃稠、入模時不夠平
整，建議入模後要稍微輕敲幾下，並
且用刮刀把表面抹平，做出來的皂才
會比較漂亮。

皂液入模後需輕輕敲打幾下，並用刮刀將表面
抹平，才不會凹凸不平。

160 **坑洞（凹洞）**

通常是因為添加物所引起的，像
是蜂蜜、粉類或新鮮食材入皂後如果
沒有攪拌均勻，或是添加太多，成皂
都有可能形成凹洞，但不影響使用，
只是外觀不好看，可以把凹洞切掉。

蜂蜜入皂後，沒有攪拌均勻，成皂就會形成凹
洞。

161 皂霜

如果皂的濕氣無
法排除，就會產生皂
霜，通常是因為晾皂
時皂排得過於密集，
或是底部不夠乾燥所
引起的，輕輕刮除即
可，並不影響使用。

晾皂時如果沒有保持適當間距，空間不流通就容易產生皂霜。

162 如何分辨氣泡跟溶鹼不全？

如果是溶鹼不全，會形成一個小水窪，裡面有水、表面有白點。但如果是氣泡，裡面不會有水，也沒有凹進去，只會看見有一個圓圈的顏色。

皂體表面

切開皂後，切面有一些含有水的小洞，代表溶鹼不全。

163

如何使用
熱製法再製？

如果遇到鬆糕皂或雪花皂時，可以利用熱製法再製，即可使用。

step1. 將有問題的皂刨成絲置於容器中，加入皂總重 10% ～ 20% 的水量，放入大同電鍋的內鍋中，外鍋則需放入 2 ～ 3 杯水來蒸煮。如果是過鹼的鬆糕皂，需補回不夠的油脂重新熱製，不確定要加多少油量的話，可以先加 3 ～ 5% 試試看。**Tip** 如果家裡沒有電鍋也可以用隔水加熱，但是花費時間較長。

將皂體刨成絲。

step2. 等開關跳起後，外鍋放入兩杯水再煮一次，反覆蒸煮 5 ～ 6 小時，直到皂軟化到沒有塊狀物即可入模。由於熱製法做出的皂液質地相當濃稠，入模後表面通常不太平整，要盡量把皂液敲平，再用刮刀把表面按壓、抹平。

熱製後會變得濃稠。

step3. 放置約一週，等皂體變硬後再切皂、晾皂，試紙測試 pH 值在 9 以下就可以使用了。不過雖然熱製皂不用等太久就能洗，但如果時間允許，還是建議放 3 ～ 4 星期讓水分排掉，皂的洗感會比較好，也不容易軟爛。

| 影片示範 |
掃描此 QR code，
看娜娜媽示範「熱製法」教學

164 手工皂 酸敗的原因

如果油品中的亞油酸比例太高（如：葡萄籽油、大豆油、葵花油、玉米油）、材料不新鮮、打皂時攪拌不均、晾皂環境過於潮濕等等，都有可能導致手工皂提早酸敗（出現油耗味、起黃斑或是摸起來有黏滑感）。

葡萄籽皂放置一年，嚴重出油、酸敗。

165 怎麼知道 手工皂酸敗了？

可從外觀和味道來判斷，如果表面出現黃斑、油斑、變形（乾縮凹陷）、嚴重出油、有皂粉、摸起來黏黏的，然後味道聞起來有油耗味，代表皂已經敗壞，請勿再使用。

✕已酸敗　○未酸敗

葵花油水皂　葵花油乳皂

酸敗 2 年的 100% 葡萄籽油皂。　酸敗 2 年的葵花油水皂。　同樣放置 2 年的葵花油水皂與乳皂，水皂已酸敗，乳皂狀態依然良好。

166 為什麼 會有油斑？

　　油斑是指皂體出現深黃色的圓形斑點，代表手工皂已經開始氧化酸敗了，像大豆油、芥花油、葵花油這類油品本身容易敗壞，入皂後不穩定就容易起黃斑。一旦出現黃斑要立即挖除，否則會不斷產生、擴大，本來沒有黃斑的皂也會被傳染而產生黃斑。

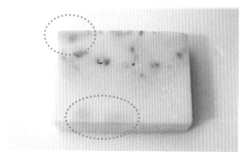

圖中黃色的部分就是油斑。

167 不皂化物

　　製皂過程是油脂中的脂肪酸跟鹼產生皂化反應，但有一些沒有皂化或無法皂化的其他成分，以及營養成分（如維生素 E）、雜質（如油脂中普遍存在的卵磷脂、胡蘿蔔素等色素）最後會形成不皂化物，讓皂化速度變快。通常未精製油品的不皂化物含量較高，例如未精製酪梨油、未精製小麥胚芽油、未精製乳油木果脂，反之精製過的油品很少會含有不皂化物。

168　電視框

切皂後因為皂體乾燥速度不同，會形成深淺不一的色差，外框的部分顏色較深。這種現象隨著皂體中的水分排出，框會變得越來越細。很多人會誤把電視框當成果凍，但果凍是整片由內往外擴散的，中間的顏色較深，而電視框只有外圍有顏色較深的框線。

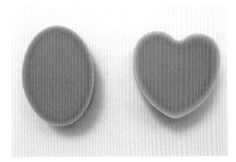

可以由框的寬度判斷製作的時間，此蜂蜜皂大約已製作 7 天左右。

169　果凍

皂化過程中因為溫度升高、散熱速度不夠快，熱氣在底部不易散開就會產生所謂的果凍現象，如果有這樣的情形，成皂通常會偏軟，但皂化會比較完整、洗感也比較溫潤，需晾皂一個月後再使用。

皂化過程中產生的果凍現象。

170　有染髮的人不能使用洗髮皂？

可以使用，但會褪色的比較快，因為洗髮皂會洗得很乾淨，所以容易讓染髮劑掉色。如果想要嘗試健康的方式洗頭，可以試試看只用清水洗，但要把頭皮洗乾淨（手指插進頭髮裡，在頭皮上充分搓洗），這樣洗完頭髮不臭、不癢、完全不會乾澀喔，還能拉長髮色的維持時間。不過，如果一直以來都是使用洗髮精的話，剛開始改用清水洗會有一段適應期，過了適應期你才會發現 poo-free（清水洗頭）的好。

171　使用髮皂的正確洗法

有些人會誤以為髮皂不好用，沒有什麼泡沫，其實是用法需要調整，必須要洗兩次才會乾淨。第一次主要是清洗、按摩頭皮，頭髮要盡量打濕，然後稍微起泡即可沖洗，第二次因為洗去頭髮的油脂了，泡沫會變多很多，這時候就可以重新從頭皮到髮絲依序洗淨。

洗髮清潔 STEP BY STEP

Step1 先將頭髮打濕。

Step2 手拿肥皂或利用皂袋搓出泡泡。

Step3 先搓洗頭皮，再拿肥皂搓洗髮尾。

Step4 按摩頭皮後，加一點水搓出泡泡後再沖水。

Step5 進行第二次清洗。手拿肥皂搓出泡泡，搓揉髮尾起泡度更好。

Step6 第二次的泡泡量多很多，可以從頭皮按摩並清洗到髮尾。

Step7 先將泡泡擠掉後再沖水，建議使用熱水會更易沖淨。

Step8 在髮尾抹上少許的山茶花油，再用指腹撥鬆頭髮後吹乾。

Tip 將髮皂放入起泡袋裡，有助於泡泡的產生，也可以避免髮絲黏在髮皂上。

172　冬天不適合
打皂嗎？

　　台灣天氣沒有那麼冷，打皂過程溫差不大，但因為皂化需要溫度，所以溫度越低打皂時間就會越久、成皂速度較慢。入模後，一定要做好保溫，並且多放幾天不要太快脫模，以免因失溫造成鬆糕或皂粉等問題。

173　使用家事皂，
手會皺皺的？

　　有可能是清潔力太高，不適合你的皮膚，可以降低配方中的椰子油比例試試看，或是改成棕櫚核仁油代替。若是原本是用 85% 的椰子油，可以降低至 70% 試試看。

174　浸泡油瀝乾後
剩下的花瓣用途

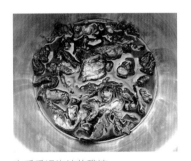

　　以左手香、紫草、金盞花等材料作成浸泡油後，剩下的殘渣通常只能作為廚餘丟棄，或是也可以試著放於冰箱作為除臭劑。

左手香浸泡油的殘渣。

175　做皂材料
如何丟棄？

　　過期的油品如果沒有油耗味，可以用來做家事皂，或是交給垃圾車回收廚餘的清潔人員，不要直接沖掉，否則可能會沾黏在水管上。如果是氫氧化鈉，因為接觸到水就會變成強鹼，切勿直接丟棄，以免造成清潔隊員灼傷，建議可以加水調成鹼液後拿來通水管用。

176　計算配方的
參考網站

　　手工皂的配方計算有點複雜，如果不小心算錯可能會導致整鍋皂白費。網路上有一些網站提供配方的計算程式，幫助大家可以更輕鬆的規劃出自己的配方比例，不用找太難的，簡單計算即可。

177 什麼是「MP 透明皂」？

手工皂的油脂經過皂化之後會產生甘油，保濕效果非常好，而皂基是由工廠製作好的產品，本身即為可以立即使用的皂。所謂的「MP 透明皂」（Melt & Pour）是將皂基利用熱製法在加工過程中添加甘油，所以又被稱為甘油皂，而且因為是皂化後才加入色素，沒有被鹼破壞過，通常顏色會較為鮮豔，不過一般來説洗感較澀。

MP 透明皂可以保留色素顏色，呈現出鮮豔色澤。

178 甘油

甘油不是油（學名為丙三醇），因為保濕效果很好，能夠讓皮膚有鎖水的效果，所以廠商都會獨立添加到保養品中，而我們做手工皂很棒的一點就是在皂化過程中會自然產生甘油，洗後比較不會覺得乾澀（當皂遇水表面形成透明的、摸起來黏黏的液體，就是甘油＋肥皂喔）。

表面的透明物質，即是甘油＋肥皂。

179 椰子油的皂化價
會影響過鹼

　　書上一般都會寫椰子油的皂化價是 0.19，但經由實際測試發現，這個數據並不固定，有可能落在 0.185 ～ 0.19 之間。如果是做身體皂，椰子油只有 15 ～ 20% 的比例，影響不大；但如果是做家事皂，添加比例高就可能會有影響，導致成皂過鹼。因此，你可以嘗試看看，如果使用皂化價 0.19 來計算成皂會過鹼的話，可改用 0.185 來計算，也許可以改善過鹼的情形。

180 裝鹼的杯子及
湯匙如何清洗？

　　如果有殘留少量的氫氧化鈉，可以直接用水沖洗，只要沒有引起高溫都不會腐蝕水管。如果想將鹼液用來通水管，可以先放置一天後再使用。

Part 4

娜娜媽親自示範
超好洗的人氣皂

工具介紹

① **不鏽鋼鍋**：一定要選擇不鏽鋼材質，切忌使用鋁鍋。需要兩個，分別用來溶鹼和融油，若是新買的不鏽鋼鍋，建議先以醋洗過，或是以麵粉加水揉成麵糰，利用麵糰帶走鍋裡的黑油，避免打皂時融出黑色屑屑。

② **刮刀**：一般烘焙用的刮刀即可。可以將不鏽鋼鍋裡的皂液刮乾淨，減少浪費。在做分層入模時，可以協助緩衝皂液入模，讓分層更容易成功。

③ **菜刀**：一般的菜刀即可，厚度越薄越好切皂。最好與平日做菜用的菜刀分開使用。

④ **手套、圍裙**：鹼液屬於強鹼，在打皂的過程中，需要特別小心操作，戴上手套、穿上圍裙，避免鹼液不小心濺出時，對皮膚或衣服造成損害。

⑤ **不鏽鋼打蛋器**：用來打皂、混合油脂與鹼液，一定要選擇不鏽鋼材質，才不會融出黑色屑屑。

⑥ **口罩**：氫氧化鈉遇到水時，會產生白色煙霧以及刺鼻的味道，建議戴上口罩防止吸入。

⑦ **量杯**：用來放置氫氧化鈉，全程必須保持乾燥，不能有水分。選擇耐鹼塑膠或不鏽鋼材質皆可。

⑧ **溫度槍或溫度計**：用來測量油脂和鹼液的溫度，若是使用溫度計，要注意不能將溫度計當作攪拌棒使用，以免斷裂。

⑨ **玻璃攪拌棒**：用來攪拌鹼液，需有一定長度，大約 30cm 長、直徑 1cm 者使用起來較為安全，操作時較不會不小心觸碰到鹼液。

⑩ **模具**：各種形狀的矽膠模或塑膠模，可以讓手工皂更有造型，若是沒有模具，可以用洗淨的牛奶盒來替代，需風乾之後再使用，並特別注意不能選用裡側為鋁箔材質的紙盒。

⑪ **線刀**：線刀是很好的切皂工具，價格便宜，可以將皂切得又直又漂亮。

⑫ **電子秤**：最小測量單位 1g 即可，用來測量氫氧化鈉、油脂和水分。

手工皂配方 DIY

固體皂三要素即為**油脂、水分、氫氧化鈉**，這三個要素的添加比例都有其固定的計算方法，只要學會基本的計算方法之後，便可以調配出適合自己的完美配方。

油脂的計算方式

製作手工皂時，因為需要不同油脂的功效，添加的油品眾多，必須先估算成品皂的 INS 硬度，讓 INS 值落在 120 ～ 170 之間，做出來的皂才會軟硬度適中，如果超過此範圍，可能就需要重新調配各油品的用量。

各種油品的皂化價 & INS 值

油脂	皂化價	INS
橄欖油 Olive Oil	0.134	109
棕櫚核仁油 Palm Kernel Oil	0.156	227
椰子油 Coconut	0.19	258
可可脂 Cocoa Butter	0.137	157
綿羊油 Lanolin	0.1383	156
牛油 butter	0.1405	147
芒果脂 Mango Butter	0.1371	146
棕櫚油 / 紅棕櫚油 Palm	0.141	145
白棕櫚油 Palm Stearin Oil	0.142	151
豬油 lard	0.138	139

油脂	皂化價	INS
澳洲胡桃油 Macadamia	0.139	119
乳油木果脂 Shea Butter	0.128	116
白油 Shortening (veg.)	0.136	115
苦茶油 Oiltea Camellia	0.1362	108
山茶花油 Camellia	0.1362	108
酪梨油 Avocado	0.1339	99
甜杏仁油 Sweet Almond	0.136	97
蓖麻油 Castor	0.1286	95
榛果油 Hazelnut	0.1356	94
開心果油 Pistachio Oil	0.1328	92
杏桃核仁油 Apricot Kernel Oil	0.135	91
棉籽油 Cottonseed	0.1386	89
芝麻油 Sesame Seed	0.133	81
米糠油 Rice Bran	0.128	70
葡萄籽油 Grape seed	0.1265	66
大豆油 Chinese Bean Soybean	0.135	61
小麥胚芽油 Wheatgerm Oil	0.131	58
芥花油 Canola oil	0.1241	56
月見草油 Evening Primrose	0.1357	30
夏威夷果油 Kukui Nut Oil	0.135	24
玫瑰果油 Rose HipOil	0.1378	19
荷荷芭油 Jojoba Oil	0.069	11

成品皂 INS 值＝（A 油重 × A 油脂的 INS 值）＋（B 油重 × B 油脂的 INS 值）＋……÷ 總油重

　　我們以「蠶絲親膚乳皂」的配方（見 p.135）為例，配方中包含榛果油 280g、乳油木果脂 210g、白棕櫚油 105g、椰子油 105g，總油重為 700g，其成皂的 INS 值計算如下：

（榛果油 280g×94）＋（乳油木果脂 210g×116）＋（白棕櫚油 105 g×151）＋（椰子油 105g×258）÷700 ＝ 93628÷700 ＝ 133.75g →四捨五入即為 134。

氫氧化鈉的計算方式

　　估算完 INS 值之後，便可將配方中的每種油脂重量乘以皂化價後相加，計算出製作固體皂時的氫氧化鈉用量，計算公式如下：

氫氧化鈉用量＝（A 油重 × A 油脂的皂化價）＋（B 油重 × B 油脂的皂化價）＋……

　　我們以「蠶絲親膚乳皂」的配方（見 p.135）為例，配方中包含榛果油 280 g、乳油木果脂 210g、白棕櫚油 105g、椰子油 105g，總油重為 700g，其氫氧化鈉的配量計算如下：

　　（榛果油 280g×0.1356）＋（乳油木果脂 210g×0.128）＋（白棕櫚油 105g×0.142）＋（椰子油 105g×0.19）＝ 37.968 ＋ 26.88 ＋ 14.91 ＋ 19.95 ＝ 99.708g →四捨五入即為 100g。

水分的計算方式

　　算出氫氧化鈉的用量之後，即可推算溶解氫氧化鈉所需的水量，也就是「**水量＝氫氧化鈉的 2.3 倍**」來計算。以上述例子來看，100g 的氫氧化鈉，溶鹼時必須加入 100g×2.3 ＝ 233g 的水。

基本製皂技巧
STEP BY STEP

Ⓐ 準備

1.　請在工作檯鋪上報紙或是塑膠墊，
避免傷害桌面，同時方便清理。戴
上手套、護目鏡、口罩、圍裙。

Tip　請先清理出足夠的工作空間，以通風處
為佳，或是在抽油煙機下操作。

Ⓑ 融油

2.　電子秤歸零後，將配方中的軟油和
硬油分別測量好，並將硬油放入不
鏽鋼鍋中加溫，等硬油融解後再倒
入軟油，可以同時降溫，並讓不同
油脂充分混合（硬油融解後就可關
火，不要加熱過頭喔）。

C　測量

3.　依照配方中的分量，測量氫氧化鈉和水（或母乳、牛乳）。水需先製成冰塊再使用，量完後置於不鏽鋼鍋中備用。

Tip1　用量杯測量氫氧化鈉時，需保持乾燥不可接觸到水。

Tip2　將要做皂的水製成冰塊再使用，可降低製作時的溫度。

D　溶鹼

4.　將氫氧化鈉分 3 ～ 4 次倒入冰塊或乳脂冰塊旁，並用攪拌棒不停攪拌混合，速度不可以太慢，避免氫氧化鈉黏在鍋底，直到氫氧化鈉完全融於水中，看不到顆粒為止。

5.　若不確定氫氧化鈉是否完全溶解，可以使用篩子過濾。

Tip1　攪拌時請使用玻璃攪拌棒或是不鏽鋼長湯匙，切勿使用溫度計攪拌，以免斷裂造成危險。

Tip2　若此時產生高溫及白色煙霧，可戴上口罩並小心避免吸入。

E 混合

6. 當鹼液溫度與油脂溫度維持在 20 ～ 40℃ 之間，便可將油脂緩緩倒入鹼液中。

Tip 若是製作乳皂，建議調和溫度在 35℃ 以下，顏色會較白皙好看。

F 打皂

7. 用不鏽鋼打蛋器混合攪拌，順時針或逆時針皆可，持續攪拌 25 ～ 30 分鐘（視攪拌的力道及配方）。

Tip1 剛開始皂化反應較慢，但隨著攪拌時間越久會越濃稠，15 分鐘之後，可以歇息一下再繼續。

Tip2 如果攪拌次數不足，可能導致油脂跟鹼液混合不均勻，而出現分層的情形（鹼液都往下沉到皂液底部）。

Tip3 若是使用電動攪拌器，攪拌只需約 3 ～ 5 分鍾。不過使用電動攪拌器容易混入空氣而產生氣泡，入模後需輕敲模子來清除氣泡。

8.　不斷攪拌後，皂液會漸漸像沙拉醬
　　般濃稠，整個過程約需 25 ～ 60 分
　　鐘（視配方的不同，攪拌時間也不
　　一定）。試著在皂液表面畫 8，若
　　可看見字體痕跡，代表濃稠度已達
　　標準。

9.　加入精油或其他添加物，再攪拌約
　　300 下，直至均勻即可。

Ⓗ 入模

10.　將皂液入模，入模後可放置於保麗
　　龍保溫 1 天，冬天可以放置 3 天後
　　再取出，避免溫差太大產生皂粉。

E 脫模

11. 放置約 3～7 天後即可脫模，若是皂體還黏在模子上可以多放幾天再脫模。

12. 脫模後建議再置於陰涼處風乾 3 天，等表面都呈現光滑、不黏手的狀態再切皂，才不會黏刀。

13. 將手工皂置於陰涼通風處約 4～6 週，待手工皂的鹼度下降，皂化完全後才可使用。

Tip1 請勿放於室外晾皂，因室外濕度高，易造成酸敗，也不可以曝曬於太陽下，否則容易變質。

Tip2 製作好的皂建議用保鮮膜單顆包裝，防止手工皂反覆受潮而變質。

娜娜媽小叮嚀

❶ 因為鹼液屬於強鹼，從開始操作到清洗工具，請全程穿戴圍裙及手套，避免受傷。若不小心噴到鹼液、皂液，請立即用大量清水沖洗。

❷ 使用過後的打皂工具建議隔天再清洗，置放一天後，工具裡的皂液會變成肥皂般較好沖洗。同時可觀察一下，如果鍋中的皂遇水後是渾濁的（像一般洗劑一樣），就表示成功了；但如果有油脂浮在水面，可能是攪拌過程中不夠均勻喔！

❸ 打皂用的器具與食用的器具，請分開使用。

❹ 手工皂因為沒有添加防腐劑，建議一年內使用完畢。

蠶絲親膚乳皂

細緻的蠶絲，帶來滑順溫潤的洗感

　　蠶絲、蠶繭中的絲蛋白（Fibroin），具有細小的分子，可以穿透角質層、有效被肌膚吸收，因此被廣泛的用於乳液、乳霜、護髮等保養產品中，保水親膚的效果，能為肌膚帶來彈性與光澤，因此深受許多「愛皂人士」的喜歡，紛紛試著將蠶絲入皂。此款配方中，除了蠶絲還加入了母乳，試洗後果然能夠感受到有別於一般皂的滑順溫潤洗感。

　　一般市面上較容易購買到的是蠶繭，但蠶繭溶化速度較慢，需先剪碎處理；另一種蠶絲較易溶解，可至棉被店購買。

娜娜媽洗感報告：

　　優質起泡度，洗感溫潤，肌膚有如擦拭一層乳液，卻不會有過度厚重的黏膩感，皂友形容蠶絲皂滑到握不住。

起泡度測試

材料

油脂	鹼液	添加物
榛果油　280g	氫氧化鈉　100g	蠶絲或蠶繭　1～3g
乳油木果脂　210g	母乳冰塊　77g	
白棕櫚油　105g	純水　153g	INS 硬度
椰子油　105g		135
	精油	
	馬鞭草花園	
	14g（約 280 滴）	

Ⓐ **準備**

1. 如果使用的是蠶繭，需先剪成小塊狀較易溶解。因為蠶絲、蠶繭的重量極輕，如使用一般秤會無法秤出重量，需使用微量秤，才能精確測量。

Ⓑ **溶鹼**

2. 將 100g 的氫氧化鈉一股作氣的倒入純水中，同時一邊攪拌，利用此時的高溫，將蠶絲放入，持續攪拌一段時間後蠶絲會慢慢溶解，鹼液也會逐漸變黃。

Tip1 氫氧化鈉溶解蠶絲時的溫度較高，會產生異味，可戴上口罩以避免吸入。

Tip2 為了清楚呈現畫面，故使用玻璃杯操作，一般製作時請務必使用不鏽鋼器具。

3. 利用濾網將蠶絲鹼液進行過篩，將未溶解的蠶絲飄浮物濾除，並檢查是否還有未溶解的氫氧化鈉，再與油脂混合。

4. 測量蠶絲鹼液溫度，需降溫至 35℃ 左右，再放入母乳冰塊攪拌至完全溶解。

Tip 如未等鹼液降溫就放入母乳冰塊，會使顏色變得較黃，較不美觀。

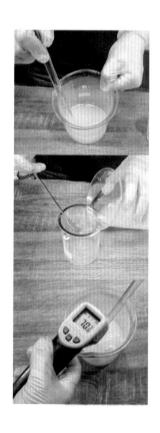

C　融油

5. 將配方中的油脂測量好並混合。

6. 用溫度計測量油脂與鹼液的溫度，二者皆在 35℃以下，且溫差在 10℃之內，即可混合。

D　打皂

7. 將鹼液緩緩倒入油脂中，持續攪拌，直到皂液呈現微微的濃稠狀，試著在皂液表面畫8，若可看見字體痕跡，代表濃稠度已達標準。

8. 將精油倒入皂液中，再持續攪拌 300 下。

E　入模

9. 將皂液倒入模型中，再輕輕搖晃敲打模型，使皂液表面平整。

F　脫模

10. 大部分的手工皂隔天就會成型，不過油品不同會影響脫模的時間，建議放置約 1 ～ 3 天再進行脫模。若是水分較多或是梅雨季時，可以延後脫模的時間。

11. 脫模後以線刀切皂，切好後放入保麗龍箱約 2 ～ 3 天，較不容易產生皂粉。

│ 影片示範 │
掃描 QR code，
看娜娜媽示範教學

紅棕啤酒洗髮皂

啤酒酵母，有助於改善乾燥受損的髮質

　　加入啤酒製作而成的啤酒髮皂，是許多皂友一致公認的好洗皂款。啤酒裡的啤酒酵母，有助於改善乾燥受損的髮質，帶來清爽的洗感。各種品牌的啤酒皆可入皂，大家可以自由選用。

　　此配方中，還加入了母乳，不但能增加溫潤洗感，還可以幫助紅棕櫚油定色，使成皂的美麗色澤能夠維持更久。

娜娜媽洗感報告：

　　起泡度高，屬於大泡泡，易沖洗，具清爽感。可以讓頭皮清爽好幾天，是娜娜媽的新寵洗髮皂。

起泡度測試　　　實際洗髮起泡測試

材料

油脂		鹼液		添加物
紅棕櫚油	210g	氫氧化鈉	103g	皂球或皂片
苦茶油	210g	啤酒冰塊	151g	可依個人喜好自由添加
椰子油	140g	母乳冰塊	76g	
蓖麻油	70g			INS 硬度
芝麻油	70g	精油		145
		紅檀雪松	7g（約 140 滴）	
		綠檀	7g（約 140 滴）	

Ⓐ 製冰

1. 將啤酒倒入鍋中，用中小火加熱約 2 ～ 3 分鐘，讓酒精揮發，沸騰後關火。靜置降溫後，再做成冰塊。

2. 將母乳製成冰塊備用。

Ⓑ 溶鹼

3. 將啤酒冰塊放入不鏽鋼鍋中，再將氫氧化鈉分 3 ～ 4 次倒入（每次約間隔 30 秒），同時需快速攪拌，讓氫氧化鈉完全溶解。

4. 待氫氧化鈉完全溶解後，再加入母乳冰塊，攪拌至母乳冰塊完全溶解。

5. 利用篩子過濾鹼液，並檢查是否還有未溶解的氫氧化鈉，還可過濾較大顆的乳脂肪。

Ⓒ 融油

6. 將配方中的油脂測量好並混合。

7. 用溫度計測量油脂與鹼液的溫度，二者皆在 35℃ 以下，且溫差在 10℃ 之內，即可混合。

Ⓓ 打皂

8. 將鹼液緩緩倒入油脂中，持續攪拌，直到皂液呈現微微的濃稠狀，試著在皂液表面畫8，若可看見字體痕跡，代表濃稠度已達標準。

9. 將精油倒入皂液中，持續攪拌 300 下。

Tip 因為有蓖麻油，trace 的速度較快，要小心不要攪拌過頭。

Ⓔ 入模

10. 倒入第一層皂液，將皂液稍微搖晃平整後，隨意加入皂球或皂片。

11. 倒入第二層皂液，再用刮刀輕輕將表面修飾平整即可。

Ⓕ 脫模

12. 大部分的手工皂隔天就會成型，不過油品不同會影響脫模的時間，建議放置約 1 ～ 3 天再進行脫模。若是水分較多或是梅雨季時，可以延後脫模的時間。

13. 脫模後以線刀切皂，切好後放入保麗龍箱約 2 ～ 3 天，較不容易產生皂粉。

| 影片示範 |
掃描 QR code，
看娜娜媽示範教學

薔薇紅酒皂

紅酒多酚具抗氧化效果，能為肌膚帶來明亮光澤

　　紅酒開瓶後沒有盡快喝完的話，味道就會變質，想要倒掉又覺得可惜嗎？建議不妨可以作為入皂材料，紅酒裡面含有豐富的紅酒多酚，擁有很好的抗氧化效果，能為肌膚帶來明亮光澤，也常用於保養品、面膜當中。

　　有些人製作酒皂時，會打開瓶口讓酒精揮發，但還是會造成速 T，所以建議最好進行加熱至沸騰，才能確保酒精能夠完全揮發。為了加強紅酒的顏色，這款皂裡還加入了紅石泥粉，能讓皂的色澤更加漂亮，並加入「薔薇之戀環保香氛」精油，和紅酒的氣味相當 Match ！

娜娜媽洗感報告：

　　泡泡量偏少，會在表皮形成一層薄薄的保護膜。

起泡度測試

材料

油脂
橄欖油　　140g
棕櫚油　　210g
可可脂　　100g
乳油木果脂　　100g
杏桃核仁油　　150g

鹼液
氫氧化鈉　　95g
紅酒冰塊　　219g（2.3 倍）

精油
薔薇之戀環保香氛

添加物
紅石泥粉　　適量
皂條
可依個人喜好自由添加

INS 硬度
124

Ⓐ 製冰

1. 娜娜媽實際進行測試，將 100g 的紅酒倒入鍋中，以小火加熱 5 分鐘，大概會揮發剩至 50g。此配方將約 450g 的紅酒加熱大約 7 分鐘，大概揮發至所需的 219g，靜置降溫後，再做成冰塊。

Ⓑ 溶鹼

2. 將紅酒冰塊放入不鏽鋼鍋中，再將氫氧化鈉分 3 ～ 4 次倒入（每次約間隔 30 秒），同時需快速攪拌，讓氫氧化鈉完全溶解。

Tip　為了清楚呈現溶解過程，影片與照片示範中使用的為玻璃容器，請大家製作時，務必使用不鏽鋼鍋，以避免發生危險。

Ⓒ 融油

3. 將配方中的油脂測量好並混合。

4. 用溫度計測量油脂與鹼液的溫度，二者皆在 35℃ 以下，且溫差在 10℃ 之內，即可混合。

D 打皂

5. 將鹼液緩緩倒入油脂中，持續攪拌，直到皂液呈現微微的濃稠狀，試著在皂液表面畫8，若可看見字體痕跡，代表濃稠度已達標準。

6. 將精油倒入皂液中，持續攪拌 300 下。

7. 取出 100g 的皂液，加入過篩的紅石泥粉並攪拌均勻，形成磚紅色的皂液。

8. 將紅石泥粉皂液倒回紅酒皂液裡，攪拌均勻。

E 入模

9. 將皂液倒入模型中，再輕輕搖晃敲打，使皂液表面平整。

10. 可利用手邊現有的皂片，視個人喜好隨意放入皂液中作為變化。

F 脫模

11. 大部分的手工皂隔天就會成型，不過油品不同會影響脫模的時間，建議放置約 1～3 天再進行脫模。若是水分較多或是梅雨季時，可以延後脫模的時間。

12. 脫模後以線刀切皂，切好後放入保麗龍箱約 2～3 天，較不容易產生皂粉。

| 影片示範 |
掃描 QR code，
看娜娜媽示範教學

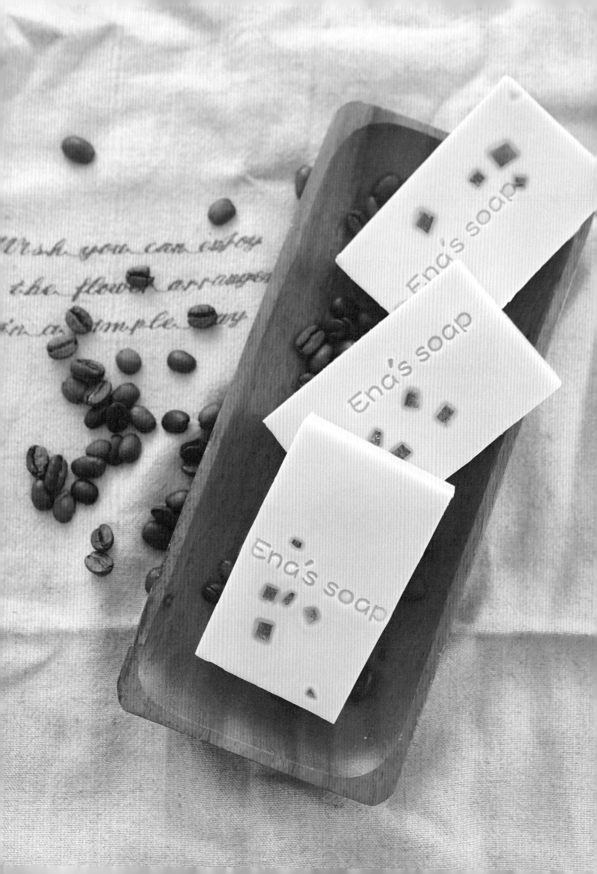

咖啡洗髮皂

滋養頭皮、強化髮根，帶來清爽的洗感

　　一般大家都會將咖啡渣入皂，做成具有去角質效果的身體皂，或是作為家事皂。不過有國外研究指出，咖啡因能夠滋養頭皮、強化髮根、抑制掉髮，所以開始有許多人試著將咖啡做成髮皂使用。

　　利用這款咖啡髮皂洗完頭髮後，可以感覺到頭皮相當清爽、不易出油，還能帶來蓬鬆的效果，如果髮質較為細軟或是容易扁塌的人，建議可以試洗看看這一款咖啡髮皂。也適合男生做為從頭洗到腳的 All in one 皂。

娜娜媽洗感報告：

　　起泡速度較慢，需較多水分或將搓洗時間拉長。細緻泡泡，洗完髮絲宛如有一層保護膜，但不會不好沖洗。

起泡度測試

材料

油脂	鹼液	添加物
棕櫚核仁油　210g	氫氧化鈉　106g	薄荷腦　7g
苦茶油　245g	咖啡冰塊　244g（2.3 倍）	**INS 硬度**
椰子油　140g	**精油**	172
蓖麻油　105g	胡椒薄荷　7g（約 140 滴）	
	草本複方　7g（約 140 滴）	

Ⓐ 製冰

1. 將 240g 的熱水倒入濾掛式咖啡中，靜置降溫後，再做成冰塊。

Ⓑ 溶鹼

2. 將咖啡冰塊放入不鏽鋼鍋中，再將氫氧化鈉分 3 ～ 4 次倒入（每次約間隔 30 秒），同時需快速攪拌，讓氫氧化鈉完全溶解。

Tip 為了清楚呈現溶解過程，影片與照片示範中使用的為玻璃容器，請大家製作時，務必使用不鏽鋼鍋，以避免發生危險。

Ⓒ 融油

3. 將配方中的油脂測量好並混合。

4. 用溫度計測量好油脂與鹼液的溫度，二者皆在 35℃ 以下，且溫差在 10℃ 之內，即可混合。

D　打皂

5. 將鹼液緩緩倒入油脂中，持續攪拌，直到皂液呈現微微的濃稠狀，試著在皂液表面畫8，若可看見字體痕跡，代表濃稠度已達標準。

6. 有些薄荷腦的結晶較長、較不易溶解，可以先裝入小密封袋，用**擀麵棍**輕輕壓碎後再加入皂液中，加速溶解。

7. 將壓碎後的薄荷腦與薄荷精油倒入皂液中，持續攪拌 300 下至均勻。

E　入模

8. 倒入第一層皂液後，再加入長條狀的透明皂基，作為裝飾。

9. 反覆進行倒入皂液、放入皂基的動作，直到皂液填滿模型。

Tip 倒入皂液時，為了緩衝力道，可以利用刮刀輔助，讓皂液沿著刮刀慢慢流入，讓分層更明顯。

F　脫模

10. 大部分的手工皂隔天就會成型，不過油品不同會影響脫模的時間，建議放置約 1 ～ 3 天再進行脫模。若是水分較多或是梅雨季時，可以延後脫模的時間。

11. 脫模後以線刀切皂，切好後放入保麗龍箱約 2 ～ 3 天，較不容易產生皂粉。

| 影片示範 |
掃描 QR code，
看娜娜媽示範教學

135 超脂皂

洗感滋潤、風靡海內外皂友圈的人氣皂款

　　什麼是「135 超脂皂」呢？就是利用 100％的椰子油配方，再多出 35％的油脂入皂。這款「135 超脂皂」之前在皂友圈掀起熱烈討論，因為它顛覆了一般人對椰子油皂潔淨力較強、洗後較乾燥的印象，擁有滋潤洗感，因此深受好評。

　　娜娜媽自己試用過後，覺得超脂皂能達到洗護雙重的效果，洗淨的同時，又能保留多一點的滋潤感在身上。

娜娜媽洗感報告：

　　「米糠超脂皂」的清潔力優，起泡度好，不乾澀，好沖洗，屬細緻型泡泡。「酪梨超脂皂」的泡泡量適中，同樣為細緻型泡沫，柔潤光滑，方便沖洗，無黏膩感。

「米糠超脂皂」
起泡度測試

「酪梨超脂皂」
起泡度測試

材料

油脂		INS 硬度		油脂		INS 硬度	
椰子油	700g	258		椰子油	700g	258	
米糠油	245g			酪梨油	245g		
		精油				精油	
鹼液		晚香玉　14g		鹼液		草本香茅複方精油	
氫氧化鈉	133g	（約 280 滴）		氫氧化鈉	133g	14g（約 280 滴）	
純水冰塊	293g			純水冰塊	293g		
（2.2 倍）				（2.2 倍）			

※INS 硬度 258 是指純椰子油 700g，但因為超脂 35%，所以會影響硬度。

Ⓐ 製冰

1 ． 將 293g 的純水製成冰塊備用。

Ⓑ 溶鹼

2 ． 將純水冰塊放入不鏽鋼鍋中，再將氫氧化鈉
分 3～4 次倒入（每次約間隔 30 秒），同
時需快速攪拌，讓氫氧化鈉完全溶解。

Ⓒ 融油

3 ． 將配方中的油脂測量好並混合。

4 ． 用溫度計測量油脂與鹼液的溫度，二者皆在
35℃ 以下，且溫差在 10℃ 之內，即可混合。

D 打皂

5. 將鹼液緩緩倒入油脂中，持續攪拌，直到皂液呈現微微的濃稠狀。

6. 因為想試試看不同超脂皂的洗感，所以將皂液平均分成兩鍋，再分別加入超脂的米糠油、酪梨油，繼續攪拌至濃稠，在皂液表面畫8，若可看見字體痕跡，代表濃稠度已達標準。

E 入模

7. 分別將兩鍋「米糠椰子油皂液」和「酪梨椰子油皂液」倒入不同的模型中，再輕輕搖晃敲打，使皂液表面平整。

F 脫模

8. 大部分的手工皂隔天就會成型，不過油品不同會影響脫模的時間，建議放置約 1～3 天再進行脫模。若是水分較多或是梅雨季時，可以延後脫模的時間。

9. 脫模後以線刀切皂，切好後放入保麗龍箱約 2～3 天，較不容易產生皂粉。

| 影片示範 |
掃描 QR code，
看娜娜媽示範教學

簡易水果酵素皂

利用酵素水＋兩段式加水法，輕鬆做出酵素皂

　　許多水果裡都含有酵素，像是木瓜、鳳梨、檸檬、奇異果等等，市面上有專門販售酵素液，也有許多人會自己製作水果酵素飲用，據說有消除水腫、幫助排便、促進新陳代謝等效果。

　　而這一款簡易的水果酵素皂，是利用現成的酵素水以兩段式加水法加入皂液中，一定要打到 Light Trace 的狀態後再加入。酵素皂可以軟化角質、幫助肌膚代謝，洗後會感到光滑、細緻，改善膚質粗糙。

　　也可以自己製作簡易的酵素水，以糖、水果、水（1：3：10）浸泡一個月即完成。

娜娜媽洗感報告：

　　屬於清爽柔滑洗感，會產生豐盈泡沫。用來洗髮時，洗感滑潤、保濕度佳，沖水要花一點時間。

起泡度測試

材料

油脂
棕櫚核仁油　140g
棕櫚油　210g
甜杏仁油　70g
乳油木果脂　140g
杏桃核仁油　140g

鹼液
氫氧化鈉　98g
母乳冰塊　180g

精油
月光素馨　14g（約 280 滴）

添加物
酵素水　45g

INS 硬度
140

Ⓐ **製冰**

1. 將 180g 的母乳製成冰塊備用。

Ⓑ **溶鹼**

2. 將母乳冰塊放入不鏽鋼鍋中,再將氫氧化鈉分 3 ~ 4 次倒入(每次約間隔 30 秒),同時需快速攪拌,讓氫氧化鈉完全溶解。

Tip　可利用篩子將鹼液過篩,除了可過濾較大顆的乳脂肪外,還能檢查是否有未溶解的氫氧化鈉。

Ⓒ **融油**

3. 將配方中的油脂測量好並混合。

4. 用溫度計測量油脂與鹼液的溫度,二者皆在 35℃ 以下,且溫差在 10℃ 之內,即可混合。

D　打皂

5.　將鹼液緩緩倒入油脂中，持續攪拌，直到皂液呈現微微的稠狀，試著在皂液表面畫 8，若可看見字體痕跡，代表濃稠度已達標準。

6.　將精油倒入皂液中，再持續攪拌 300 下。

7.　一邊攪拌一邊慢慢將酵素水倒入，大約分 5 ～ 6 次加入皂液中。

E　入模

8.　將全部皂液倒入模型後，輕輕敲打模子，以消除氣泡。

F　脫模

9.　大部分的手工皂隔天就會成型，不過油品不同會影響脫模的時間，建議放置約 1 ～ 3 天再進行脫模。若是水分較多或是梅雨季時，可以延後脫模的時間。

10.　脫模後以線刀切皂，切好後放入保麗龍箱約 2 ～ 3 天，較不容易產生皂粉。

| 影片示範 |
掃描 QR code，
看娜娜媽示範教學

山茶花熱製洗髮皂

利用加熱法加速皂化，快速製作、立即就能使用

　　冷製皂通常需要等待一、兩個月的熟成期才能使用，而熱製皂因為透過持續加熱讓皂化反應快速完成，成型即可使用，更為方便快速。經過試洗測試，熱製後放置一至二個月後的洗感，會比一做好立即使用來得好。熱製的時間也會影響洗感，建議蒸煮六小時以上，皂化會更為完整，成皂也會更好洗。

　　冷製皂與熱製皂各有其優缺點，在時間有限、需要立即使用時，熱製皂是一個快速的製皂選擇。請 25 位皂友進行兩種皂款的試洗，有 4/5 的人依然較喜歡冷製皂的洗感，大家不妨也可以試試看，自己會喜歡哪一種的洗感呢？

起泡度測試

娜娜媽洗感報告：

　　易起泡，細緻泡泡，有滑溜感，沖洗完後肌膚宛如有一層膜，黏膩感偏高。

材料

油脂	鹼液	添加物
椰子油　140g	氫氧化鈉　102g	皂邊　適量
蓖麻油　105g	純水冰塊　224g（2.2 倍）	INS 硬度
苦茶油　245g		136
山茶花油　210g	精油	
	花漾環保香氛	
	14g（約 280 滴）	

Ⓐ 製冰

1． 將 224g 的純水製作冰塊備用。

Ⓑ 溶鹼

2． 將純水冰塊放入不鏽鋼鍋中，再將氫氧化鈉分 3 ～ 4 次倒入（每次約間隔 30 秒），同時需快速攪拌，讓氫氧化鈉完全溶解。

Ⓒ 融油

3． 將配方中的油脂測量好並混合。

4． 用溫度計測量油脂與鹼液的溫度，二者皆在 35℃ 以下，且溫差在 10℃ 之內，即可混合。

Ⓓ 打皂

5． 將鹼液緩緩倒入油脂中，持續攪拌，直到皂液呈現微微的濃稠狀，試著在皂液表面畫8，若可看見字體痕跡，代表濃稠度已達標準。

Ｅ　加熱

6. 在電鍋裡加入 300ml 的水，將打好的皂液放
   入電鍋中進行加熱。

7. 大約經過一小時，電鍋開關跳起，打開鍋
   蓋，此時可以看見皂液已經呈現黏稠膠狀，
   為了讓皂液受熱均勻，用刮刀攪拌均勻後，
   再加入 300ml 的水到電鍋內，進行第二次的
   加熱。

8. 大約經過 25 分鐘，再加入 300ml 的水，進
   行第三次加熱，總共需加熱四次。每一次加
   熱完畢時，都需打開鍋蓋攪拌均勻。大約加
   熱四次後，皂液會變成像是液體皂般，呈現
   透明感即可。

Tip　當加熱完畢、電鍋開關跳起，不立即進行下一次
   加熱也沒關係，將精油加入並攪拌均勻後，可以
   先暫時保溫。

Ｆ　入模

9. 將皂液全部倒入模型後，輕輕敲打桌面，讓
   皂液平整，再放入保麗龍箱保溫，冷卻後再
   脫模。

Tip　敲打模型時，要小心避免噴到眼睛，或是可以戴
   護目鏡防護。

10. 約 3 ～ 7 天後用線刀切皂，並放置 1 ～ 2 個
    星期再使用。

Tip　剛加熱好的皂液會呈現透明感，冷卻後皂會變成
   白色皂體。

| 影片示範 |
掃描 QR code，
看娜娜媽示範教學

草本左手香皂

修護保濕、溫和洗淨，改善濕疹等肌膚不適

　　左手香有「消炎高手」之稱，具有解毒、消腫止癢的功效，是民間常見的藥草植物。自從多年前用了左手香皂改善了娜娜媽的濕疹之後，後來陸續推薦給其他有相同肌膚困擾的皂友，也同樣得到很好的回饋。更棒的是，左手香容易栽種，很適合在自家種植，做為打皂常備材料。

　　搭配上含有豐富維他命的酪梨油、具有修護保濕的乳油木果脂，以及溫和不刺激的棕櫚核仁油，帶來滋潤又安心的洗感。

娜娜媽洗感報告：

　　細緻泡泡，具滋潤效果，易沖洗，無黏膩感。

起泡度測試

材料

油脂	鹼液	添加物
酪梨油　280g	**氫氧化鈉**　97g	**皂片**　適量
棕櫚核仁油　140g	**左手香冰塊**　223g(2.3倍)	INS 硬度
棕櫚油　140g	精油	137
乳油木果脂　140g	**廣藿香**　7g（約 140 滴）	
	草本複芳環保香氛 7g（約 140 滴）	

Ⓐ 製冰

1. 將約 250g 左手香葉片洗淨，擦乾或自然陰乾，用 50g 的水將左手香打成泥狀。

Tip1 將左手香放入高一點的杯子，利用手持攪拌器攪打時，較不易濺出。

Tip2 如果沒有手持攪拌器，也可以利用果汁機將左手香攪打成泥。

2. 將左手香泥用篩子過濾，並利用湯匙反覆按壓，取出汁液，汁液中帶有一些細渣也無妨，再製成左手香冰塊備用。

Ⓑ 溶鹼

3. 將左手香冰塊放入不鏽鋼鍋中，再將氫氧化鈉分 3 ～ 4 次倒入（每次約間隔 30 秒），同時需快速攪拌，讓氫氧化鈉完全溶解。

Tip 可利用篩子將鹼液過篩，檢查是否還有未溶解的氫氧化鈉，再與油脂混合。

Ⓒ 融油

4. 將配方中的油脂測量好並混合。

5. 用溫度計測量油脂與鹼液的溫度，二者皆在 35℃以下，且溫差在 10℃之內，即可混合。

D 打皂

6. 將鹼液緩緩倒入油脂中，持續攪拌，直到皂液呈現微微的濃稠狀，試著在皂液表面畫8，若可看見字體痕跡，代表濃稠度已達標準。

7. 將精油倒入皂液中，再持續攪拌 300 下。

E 入模

8. 將皂片剝成小塊，加入皂液中輕輕攪拌混合，可增加變化與趣味性。

Tip 均勻攪拌，讓皂片可以被皂液包覆，成皂才不會有氣泡。

9. 將全部皂液倒入模型後，再輕輕敲打模子，以消除氣泡。

F 脫模

10. 大部分的手工皂隔天就會成型，不過油品不同會影響脫模的時間，建議放置約 1 ～ 3 天再進行脫模。若是水分較多或是梅雨季時，可以延後脫模的時間。

11. 脫模後以線刀切皂，切好後放入保麗龍箱約 2 ～ 3 天，較不容易產生皂粉。

| 影片示範 |
掃描 QR code，
看娜娜媽示範教學

蘆薈杏桃保濕皂

新鮮蘆薈入皂，帶來清爽保濕的洗感

　　蘆薈是大家極為熟悉的植物，其美白保濕的能力，深受許多女性朋友的喜愛，也常做為保養產品。這一個皂款裡，除了加入了蘆薈油，還將新鮮的蘆薈果肉入皂，能帶來清爽保濕的洗感，適用於各種膚質。

　　蘆薈油本身並沒有大量油脂可以萃取，所以一般會以天然油脂浸泡的方式取得，具有滋潤保濕等效果，能為肌膚帶來光澤。蘆薈本身的果肉含有天然的膠質，可以為肌膚帶來深層的滋潤與養分，並修復受損的細胞，不過黃色汁液裡的大黃素會造成肌膚過敏，入皂前需先反覆浸泡，以去除黃色汁液。

　　此皂款經過三人測試，皆無過敏反應，如果不確定自己的肌膚是否會對蘆薈皂過敏，可先以手臂內側試洗。

娜娜媽洗感報告：

　　泡泡形狀偏大，好沖洗，相較於啤酒皂多一層保護膜感。

起泡度測試

材料

油脂	鹼液	添加物
開心果油　140g	氫氧化鈉　95g	新鮮蘆薈泥　50g
杏桃核仁油　140g	純水冰塊　158g	水　10g
乳油木果脂　140g		低溫艾草粉　7g
蘆薈油　105g	精油	
棕櫚油　175g	清新精粹環保香氛	INS 硬度
	5g（約 100 滴）	114
	櫻花　9g（約 180 滴）	

Ⓐ 準備

1. 將新鮮的蘆薈浸泡在水中，以去除黃色的黏液。反覆更換清水，直到水質不再變黃為止。

Tip 蘆薈中的黃色黏液會對肌膚造成過敏或不適，需完全去除才能入皂。

2. 用刮刀將蘆薈的綠色外皮削除，再用湯匙刮出透明色的果肉。

3. 取出 50g 的果肉後，加入 10g 的水，用果汁機或電動攪拌器攪打成泥狀備用。

Tip 可用濾網過濾，以確保是否有較大顆的果肉沒有打碎。

Ⓑ 溶鹼

4. 將純水冰塊放入不鏽鋼鍋中，再將氫氧化鈉分 3 ～ 4 次倒入（每次約間隔 30 秒），同時需快速攪拌，讓氫氧化鈉完全溶解。

Tip 可利用篩子將鹼液過篩，檢查是否還有未溶解的氫氧化鈉，再與油脂混合。

Ⓒ 融油

5. 將配方中的油脂測量好並混合。

6. 用溫度計測量油脂與鹼液的溫度，二者皆在 35℃ 以下，且溫差在 10℃ 之內，即可混合。

D 打皂

7. 將鹼液緩緩倒入油脂中，持續攪拌，直到皂液呈現微微的稠狀，試著在皂液表面畫 8，若可看見字體痕跡，代表濃稠度已達標準。

8. 將精油倒入皂液中，再持續攪拌 300 下。

9. 加入步驟 3 處理好的蘆薈膠泥，攪拌均勻。

Tip 這裡利用「二段式加水法」加入蘆薈膠泥，會使皂液快速濃稠，需盡快攪拌並入模。

E 入模

10. 取出一些皂液，加入低溫艾草粉攪拌均勻，調和出綠色後，再加入皂液至 400g，攪拌均勻。

11. 將綠色皂液倒入放有花墊的模型中，輕輕敲打震動模型，使皂液平整並消除氣泡，作為第一層分層皂。

12. 將裝飾用的皂絲放入原色皂液中攪拌均勻後，倒入模型中，輕輕將模型左右搖晃，使皂液平整，作為第二層分層皂。

Tip1 倒入分層皂液時，需用刮刀輔助，以緩衝皂液的衝擊力，避免影響到底層的皂液。

Tip2 分層皂液倒入後，切勿敲打模型，避免分層呈現不平整的波浪狀。

F 脫模

13. 大部分的手工皂隔天就會成型，不過油品不同會影響脫模的時間，建議放置約 1 ～ 3 天再進行脫模。若是水分較多或是梅雨季時，可以延後脫模的時間。

14. 脫模後以線刀切皂，切好後放入保麗龍箱約 2 ～ 3 天，較不容易產生皂粉。

| 影片示範 |
掃描 QR code，
看娜娜媽示範教學

紫草分層皂

加入消炎抗菌的紫草，緩解惱人痘痘肌

　　紫草是一種植物，也是大家熟悉的中藥藥材，具有抗發炎、抗菌、去瘀等效果。很多人喜歡將紫草入皂，不只可以做出漂亮又不易退色的紫草皂，對於痘痘肌或是容易搔癢的皮膚具緩解的效果。

　　在做這款皂時有一個小重點，需先使用像是橄欖油這類顏色較重的油來做紫草浸泡油（橄欖油 100g ＋紫草 20g，浸泡方式請見 p.34）。有些人也許不喜歡紫草的味道，因此我加入了 Miaroma 東方岩蘭環保香氛，可蓋掉部分味道。此外，也利用了「兩段式加油法」可以快速 Trace 的特性來做分層皂，更易成功，大家不妨也可以試試看。

起泡度測試

娜娜媽洗感報告：

　　細緻泡泡，具滋潤效果，易沖洗，無黏膩感。

材料

油脂

第一階段

橄欖油　110g
棕櫚油　140g
山茶花油　40g
乳油木果脂　140g
椰子油　70g

第二階段

紫草浸泡油　100g
山茶花油　100g

鹼液

氫氧化鈉　98g
母乳冰塊　226g

精油

Miaroma
東方岩蘭環保香氛

14g（約 280 滴）

INS 硬度

132

Ⓐ 製冰

1. 將 226g 的母乳製成冰塊備用。

Ⓑ 溶鹼

2. 將母乳冰塊放入不鏽鋼鍋中，再將氫氧化鈉分 3 ～ 4 次倒入（每次約間隔 30 秒），同時需快速攪拌，讓氫氧化鈉完全溶解。

Tip　可利用篩子將鹼液過篩，除了可過濾較大顆的乳脂肪外，還能檢查是否有未溶解的氫氧化鈉。

Ⓒ 融油

3. 將配方中的油脂測量好並混合。

4. 用溫度計測量油脂與鹼液的溫度，二者皆在 35℃ 以下，且溫差在 10℃ 之內，即可混合。

D　打皂

5. 將鹼液緩緩倒入油脂中，持續攪拌，直到皂液呈現微微的濃稠狀，試著在皂液表面畫8，若可看見字體痕跡，代表濃稠度已達標準。

6. 將精油倒入皂液中，再持續攪拌 300 下。

E　入模

7. 將皂液平均分成兩杯，其中一杯加入紫草浸泡油並攪拌均勻，倒入模型後，輕輕敲打震動模型，使皂液平整並消除氣泡，作為第一層分層皂。

8. 將另一杯皂液加入山茶花油攪拌均勻，倒入模型後，輕輕將模型左右搖晃，使皂液平整，作為第二層分層皂。

Tip1　倒入第二層皂液時，需用刮刀輔助，以緩衝皂液的衝擊力，避免影響到底層的皂液。

Tip2　分層皂液倒入後，切勿敲打模型，避免分層呈現不平整的波浪狀。

F　脫模

9. 大部分的手工皂隔天就會成型，不過油品不同會影響脫模的時間，建議放置約 1 ～ 3 天再進行脫模。若是水分較多或是梅雨季時，可以延後脫模的時間。

10. 脫模後以線刀切皂，切好後放入保麗龍箱約 2 ～ 3 天，較不容易產牛皂粉。

| 影片示範 |
掃描 QR code，
看娜娜媽示範教學

Miaroma

Miaroma 環保香氛

是一種讓 香氣感動的幸福

是一種讓 香香的每一天更環保的選擇

~ Miaroma全系列環保香氛的堅持 ~

http://www.miaroma.com.tw

No 鄰苯二甲酸酯類	Yes可再生植物資源	No Phthalates No DEP	Yes Renewable Plant Resources
No 酒精、油類及醇類稀釋劑	Yes天然精油	No Alcohols No Fillers	Yes Natural Essential oils
No 硝基麝香	Yes使用植物原精、凝香體	No Nitro musks	Yes Natural Fragrant Extracts
No 動物性來源香料	Yes天然及香氛單體	No Animal by-products	Yes Natural & Aroma isolates
Not動物試驗	Yes友善環境	Not tested on animals	Yes Eco friendly
	Yes IFRA 法規遵循		Yes IFRA regulations

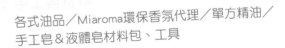

Ena soap

Ena's
s○aP

各式油品／Miaroma環保香氛代理／單方精油／
手工皂＆液體皂材料包、工具

代製專屬母乳皂／手工皂／婚禮小物／彌月禮／
工商贈品

基礎課／進階課／手工皂證書班／渲染皂／
分層皂／捲捲皂／蛋糕皂／液體皂

（需先下載淘寶APP）

生活樹系列 049

娜娜媽天然皂獨門祕技

作　　　者	娜娜媽
攝　　　影	王正毅（皂款圖）／娜娜媽（手工皂實驗圖）
總　編　輯	何玉美
選 題 企 劃	紀欣怡
主　　　編	紀欣怡
封 面 設 計	萬亞雰
內 文 排 版	許貴華

出 版 發 行	采實文化事業股份有限公司
業 務 發 行	張世明・林踏欣・林坤蓉・王貞玉
國 際 版 權	劉靜茹
印 務 採 購	曾玉霞
會 計 行 政	許俶瑀・李韶婉・張婕莛
法 律 顧 問	第一國際法律事務所　余淑杏律師
電 子 信 箱	acme@acmebook.com.tw
采 實 官 網	http://www.acmebook.com.tw
采 實 粉 絲 團	http://www.facebook.com/acmebook01

I S B N	978-986-94767-6-8
定　　　價	380 元
初 版 一 刷	2017 年 07 月
初 版 八 刷	2024 年 08 月
劃 撥 帳 號	50148859
劃 撥 戶 名	采實文化事業股份有限公司
	104 台北市中山區南京東路二段 95 號 9 樓
	電話：(02)2518-5198
	傳真：(02)2518-2098

國家圖書館出版品預行編目資料

做皂不 NG, 娜娜媽天然皂獨門祕技 / 娜娜媽作 . -- 初版 .
-- 臺北市：采實文化，2017.07
　面；　公分 . -- (生活樹系列 ; 49)
ISBN 978-986-94767-6-8(平裝)

1. 肥皂

427.16　　　　　　　　　　　　　　106008254